Jon Christoph Berndt® vs. Sven Henkel®

BENCH MARKEN

Wie Unternehmen mit der Kraft der Marke ganz nach vorn kommen – und die anderen auf Abstand halten

PRINTAMAZING

Bibliografische Information der Deutschen Nationalbibliothek: Die Deutsche Nationalbibliothek verzeichnet diese Publikation in der Deutschen Nationalbibliografie; detaillierte bibliografische Daten sind im Internet über http://d-nb.de abrufbar.

Für Fragen und Anregungen: amaze_me@brandamazing.com

1. Auflage 2016

Ein Imprint der brandamazing GmbH
Corneliusstraße 10
80649 München
Germany
Fon +49 89 2158186-0
Fax +49 89 2158186-19

Redaktionelle Mitarbeit: Pascal Lieb
Lektorat: Anke Schild, Hamburg
Gestaltung und Satz: Verena Lorenz, München
Illustrationen: Cover, S. 34, 54, 113, 152 Verena Lorenz; S. 9 redkoala (fotolia); S. 18 jesadaphorn (fotolia); S. 41, 65, 87, 103, 133, 160, 176, 183 Colorlife (fotolia); S. 80, 200 Eatcute (fotolia); S. 126 Seamartini Graphics (fotolia)
Fotos: Autorenfotos, Buchcover © Philipp Wulk, München; alle anderen Fotos © bei den Autoren
Korrektorat: Ulrike Hollmann, Hambergen
Druck: Louis Hofmann Druck- und Verlagshaus, Sonnefeld

ISBN Print 978-3-9817231-0-6
ISBN E-Book (PDF) 978-3-9817231-1-3
ISBN E-Book (EPUB, Mobi) 978-3-9817231-2-0

*„Ihre Marke ist das,
was man hinter Ihrem Rücken
über Sie erzählt."*

Jon Christoph Berndt® und Prof. Dr. Sven Henkel®

INHALT

MARKE ...

Der Politologe Jon Christoph Berndt® ist Spezialist für Profilierung, Aufmerksamkeit und Vermarktungserfolg. Mit der brand-amazing Unternehmensberatung in München begleitet er markenorientierte Unternehmen und Menschen dabei, ihren Erfolg planbar zu machen. Sie profilieren und präsentieren sich überzeugend und bekommen die Beachtung, die sie verdienen. Damit sind sie fit für die Zukunft. Jon Christoph Berndt ist ein gefragter Experte in den Medien, Autor zahlreicher Bücher und Dozent an der Universität St. Gallen. Zudem hält er international Keynote-Vorträge auf Deutsch genauso wie auf Englisch. Dabei ist ihm, bei aller fachlichen Substanz, Humor besonders wichtig – wer lacht, lernt.

www.brandamazing.com

Der Betriebswirtschaftler Prof. Dr. Sven Henkel® ist Inhaber des Lehrstuhls für Customer Behavior and Sales an der EBS Universität für Wirtschaft und Recht sowie Direktor des dort ansässigen Institute for Transformation in Business and Society (INIT). Zudem ist er Ständiger Lehrbeauftragter der Universität St. Gallen und Faculty Member der dortigen Executive School (Schwerpunkt Branding und Marketingkommunikation), darüber hinaus involviert in diverse Langzeitprojekte des dortigen Center for Customer Insight. Er forscht und arbeitet schwerpunktmäßig in den Feldern Markenführung, Behavioral Branding und Verkaufspsychologie und ist Academic Advisor bei brandamazing. Seine Arbeiten werden regelmäßig in international anerkannten Fachmagazinen veröffentlicht.

I.

DIE BENCH-MARKE …

DIE BENCHMARKE ...

HAT HERKUNFT

- Ursprung hat viele Wurzeln: Tradition, Region, Werte ... Wichtig ist, dass man weiß, woher man kommt – und wohin man will.
- Echtheit ist die Mutter guter Geschichten rund um das Unternehmen und das Produkt. Man muss sie immer und überall spüren.
- Herkunft macht unverwechselbar. Produkte lassen sich kopieren, aber nicht die Kultur und das Umfeld, in denen sie entstanden sind.

Wer wissen will, wo es langgeht, muss wissen, wohin er will. Und wer wissen will, wohin er will, muss wissen, woher er kommt. Kein Ziel ohne das Wissen um Start und Weg, keine Zukunft ohne Herkunft. Sonst dreht man sich schnell im Kreis. Wenn ein Produkt, ein wirklich schönes, tolles, auf einmal einfach da ist, genügt das nicht. Denn es gibt zunächst keinen Grund dafür, es haben zu wollen. Es entsteht kein Bild, das Kopfkino geht einfach nicht los. Die Geschichte fehlt, diese berührende Story, der Auslöser für das Verlangen. Ohne das ist alles nichts.

Manchmal ist das besser, als wenn im Kopf ohne Unterlass der falsche Film läuft: Bei Trigema denke ich toujours an Affen. Das kann nicht die Absicht von Herrn Grupp sein.

Herkunft hat verschiedene Gesichter. Ein Glücksfall für heutige Unternehmer ist es, wenn die Firma eine lange Tradition hat. Miele hat sie, die Marke war gefühlt schon immer da. Lambertz hat sie auch, die Aachener Printenkönige gibt es seit 1688. Und die Schramm Möbelwerkstätten in der Pfalz, die diese besondersten Boxspring-Betten der Welt fertigen, haben auch schon 1923 angefangen. Es ist schön, wenn man sagen kann, dass der Urahn anno achtzehnhundertknips den Grundstein für dieses eine Große gelegt hat, das man heute so gern herzeigt. Nokia kann immer eine schöne Geschichte darum bauen, dass alles mit Gummistiefeln anfing. Was für eine Story! Okay, zum Schluss hat sie ihnen nichts genutzt. (Immerhin war es nicht so, dass sie mit Handys angefangen und mit Gummistiefeln aufgehört haben.)

Könnte man die alten Handyknochen zu wasserdichten Stiefeln verarbeiten? Groß genug waren die Teile ja.

Italienisches Olivenöl kommt aus Italien. Sollte man meinen. Das ist eine ganz andere Form attraktiver Herkunft. Wie haben die Italiener es geschafft, dass ihr Olivenöl viel gefragter ist als das aus Spanien und als das aus Griechenland ohnehin? An den Ruf des italienischen „Originalprodukts" ragen die anderen nicht im Ansatz heran. Italienische Provenienz steht hier eben für Qualität und Vertrauen. Zieht man aus den dortigen Umtrieben in Politik, Finanzwesen und Jurisprudenz logisch anmutende Rückschlüsse auf die Verhältnisse in der Lebensmittelindustrie, mag man das kaum glauben. Zumal im Geschäftsleben Vertrauen ohnehin die härteste Währung ist: Olivenöl aus Italien? Lieber nicht! So denkt aber niemand. Italien genießt vielmehr lebenslangen Vertrauensvorschuss, und der kommt daher, dass da nach dem Zweiten Weltkrieg die große weite Welt war. Vati, Mutti, Kind und Hund mit der Isetta über die Alpen, egal wie, und direkt beim ersten Barista, dem Grenzer seinem Neffen im Anbau vom Zollhäuschen, auf dieser frisch eingenommenen anderen Seite voller ewiger Sonne und Glückseligkeit, gab es nicht nur Austreten, sondern vor allem den ersten originalen Espresso für den Vati und die Mutti und diese bunte fremde Limo fürs Kind, das es sowieso mal besser haben sollte. Das hat es auch, 50 Jahre später: Bei Lidl in Fiumefreddo am Fuße des Vesuv gibt es drei Liter heimisches Olivenöl mit hübschem Etikett für 5,99 Euro. Das würde man nehmen für daheim, auch als Mitbringsel – wenn hinten auf dem Kanister nicht „Lidl Italia" stehen würde; zwar ganz klein, aber groß genug dafür, dass ein Mitbringsel von Lidl Italia kein Mitbringsel von dort ist, wo ewige Sonne und Glückseligkeit sind. Lieber eins, das zwar viel teurer ist, aber immerhin kann man nicht wirklich lesen, was hinten draufsteht. Teuer ist Qualität. Und fremde Sprache macht klar, wo ein wertiges Geschenk herkommt. Dass beide Olivenölbehälter im nicht ganz unwahrscheinlichen Fall aus derselben Abfülle kommen, will das Herz nicht wissen. Und der Kopf hat beim urlaubsmäßigen Olivenölfassen für daheim nicht wirklich was zu melden.

Da ist wenigstens drin, was draufsteht: Öl aus Oliven aus Italien. Sonst nix. Kalbsleberwurst ist aus wenig Kalbfleisch und viel Leber, nicht zwingend aus Kalbsleber. (Deshalb steht seit 2010 im Kleingedruckten „Kalbfleisch-Leberwurst".)

Die sollen sich nicht so haben: Wer bei Aldi seine Reisen bucht, darf bei Lidl die Mitbringsel kaufen.

Regionalität schafft Identität. Diese naheliegende Form, wie die Markenartikelindustrie „Herkunft" spielt, führt bald dazu, dass die armen spanischen Produzenten, die ihr Zeug nicht loswerden, das Öl im Tanklastwagen nach Italien fahren, um es erst dort auf Büchsen zu ziehen. So können sie es als „italienisches Olivenöl" verkaufen – und ein sattes Preispremium erzielen. Das ist wegen der neuen europäischen Rechtsordnung nicht mehr möglich, doch mag man annehmen, dass immer noch ein bisschen was von

Ein „Linie Aquavit" muss zweimal im Segelboot über den Äquator geschippert sein, um den Namen tragen zu dürfen. Dagegen ist einmal im Laster nach Italien die leichtere Übung.

dem geht, womit man mit einem anderen Etikett auf viel weniger Inhalt viel mehr verdienen kann. Inzwischen sind die Spanier aufgewacht: Die viel größeren Meister der Produktion treffen auf die italienischen Dauermeister im Marketing. Olivenölfirmen beider Länder schlagen nationalistische Töne an und werfen sich gegenseitig Panscherei vor; die Staatsanwaltschaften sind schwer gefordert. Und jetzt will einer beides, die Menge und den Preis: Der spanische Konzern De Oleo expandiert groß in Italien und bringt das Gleichgewicht noch mehr durcheinander. Wer will da verlässlich nachvollziehen können, was woher kommt, was wo drin ist und was wie heißt? Selbst der Ölsommelier wird sizilianisches Olivenöl nicht mehr lange nasensicher an dieser zarten Tomatennote erkennen und toskanisches an diesem typischen Hauch von Artischocke. Bald wird er dankbar dafür sein dürfen, dass im Olivenöl Oliven drin sind und abseits dessen nichts, woher auch immer und was auch immer da draufsteht. Es wird ihn mehr und mehr betrüben, dass Oliven nicht sprechen können. Die könnten was erzählen von der langen Reise! Die Marke als Herkunftsbezeichnung ist in Gefahr.

Durch die Lerneffekte in der virtuellen Welt spielen Landesgrenzen eine immer geringere Rolle. Kann gut sein, dass „Made in EU" dann irgendwann richtig attraktiv ist.

Wer keine lange Geschichte hat und weder Champagner produziert noch Dresdner Christstollen noch Parmigiano Reggiano (bei all diesen Produkten funktioniert der so vertrauenserweckende geografische Heimatbezug noch halb- bis ganzwegs), kann sich wenigstens darauf verlassen, dass „Made in Germany" was zählt in der Welt, genauso wie „Made in Austria" und „Made in Switzerland". Selbst hier will man nicht so ganz genau wissen, dass nicht alles ist, wie es scheint. Wie groß muss die Fertigungstiefe, der im angegebenen Ursprungsland erbrachte Anteil an der Wertschöpfung des Produkts im Verlauf der Herstellung, sein, damit gesagt werden darf, es sei dort hergestellt? Egal – was zählt, ist das gute Gefühl. Wahre Herkunftsgeschichten wie die vom Porsche Cayenne made in Germany, der im Grunde ein echter Slowake ist, maßgeblich hergestellt im Volkswagen-Werk in Bratislava,

In der Schweiz gibt es noch „Engineered in Switzerland": Erfunden haben's die Schweizer, hergestellt wird es da, wo der Stundenlohn unter 30 Franken liegt. Die Gesetzeslage wird auch hier strenger, und das ist gut so.

bereichern zwar die eine oder andere Stammtischrunde altgedienter Marketeers, doch was soll's: Die Marke Porsche ist so stark und das Marketing so clever, dass der Mann von Welt zu gern den slowakischen Cayenne aufs Golfgreen steuert – und etliche Tausend Euro mehr bezahlt als für den weitgehend baugleichen VW Touareg, ebenfalls aus Bratislava.

Andere, die auch mit ganz viel Leidenschaft exquisite Produkte herstellen, leider in der falschen Lage, kriegen dafür einfach kein Bein auf den Boden. Das Château Vartely macht so berühmte wie preisgekrönte Weine. Aber das Weingut ist in 3501 Orhei, Moldawien. Die Russen wollen die exquisiten Produkte nicht mehr, weil Moldawien in die EU strebt. Und die Europäer haben sie nie gewollt, weil Orhei nicht in Frankreich liegt. Dieser Wein schmeckt nur ganz ausgezeichnet, wenn der Kellner beim Einschenken das Etikett verdeckt. Und wenn man es doch zu sehen kriegt, schmeckt der moldawische Merlot ab sofort wie moldawischer Merlot – grottoid, meldet der Kopf dem Herz. Da können sie in Orhei noch so gute Böden und noch so viel Sonne haben, noch so viele deutsche Ausbildungszertifikate in Weinbau und Önologie an die Rauputzwand genagelt und westeuropäische Rebstöcke eingeführt und angepflanzt. Bei jeder Blindverkostung hat der Rotspon 1a Chancen aufs Treppchen, aber wenn der Ursprung und damit die Werbung und damit die unauslöschlichen Bilder im Kopf im Spiel sind, entscheidet nicht der Gaumen. Lange zuvor entsteht im Herzen die Leidenschaft, genauso wie lebenslange Abneigung gegen Unbekanntes, Untrendiges, irgendwie Verdächtiges. Osten schmeckt bäh. Deshalb kostet der 2008er Merlot vom Château Vartely im Web 2,83 Euro und nicht 28,30 Euro.

Hier müssen die Destination-Marketeers ran. Nach Marrakesch wollte lange niemand und jetzt balgt sich die Münchner Schickeria da im Mamounia am Schokobrunnen um die größten Erdbeeren.

Schreit nach Movement-Marketing! Es ist so ungerecht, eine Region für etwas zu diskriminieren, wofür sie nichts kann. Da finden sich immer Aufständische, in diesem Fall gegen das etablierte Etikettentrinken. Tretet mit denen eine Bewegung los!

Region macht Ursprung, Tradition auch. In Orhei klappt es mit beidem nicht: Das ganze schöne Château macht den Eindruck, als ob der Beton nicht ganz durchgetrocknet ist. Und der Schlossherr kennt die Defizite bei den Faktoren Herkunft und Tradition.

Und gegen Pfusch am Bau gibt es Markenprodukte von Deitermann und Remmers. Ich finde Tauschgeschäfte toll: Die beste Abdichtmasse aus Deutschland gegen die beste Abdichtmasse aus Moldawien.

Deshalb ist dieser Macher selbst die Herkunft, die Identität des Weinguts, die Qualität der Produkte. Und nicht die Baulichkeit. Er will es wissen und er hat viel aufzuholen – all die Jahre, die die Franzosen und die Italiener, ein bisschen auch die Spanier, ihren Vorsprung haben. Und er hat Zeit. Was er nicht mehr schaffen wird beim Image, werden die nächsten Generationen schaffen. So war es bei den heute Etablierten ja auch, sie konnten halt früher anfangen. Der Chef weiß: Marke muss man erst ganz lange ganz flach spielen, um dann ganz lange ganz hoch zu gewinnen. Vor allem muss sie (es ist wie beim Wein) in Ruhe reifen, um die Herkunft zu entwickeln, die es braucht, um aus Wahrnehmern Abnehmer, aus Abnehmern Liebhaber und aus Liebhabern Fans zu machen. Bis es so weit ist, richtet man auf Schloss Vartely Hochzeiten reicher Leute aus. Die gibt es in Moldawien genug, und sie empfinden so viel Liebe zu ihrem Vaterland, dass sie einheimisch trinken. Zum Zeigen, wer man wirklich ist, genügen das deutsche Auto, der schwäbische Anzug, die Schweizer Uhr. Und wenn der Boss von Vartely noch auf der Website aus der Deckung kommt, guten Grund dafür gibt es bereits mehr als genug, kommt endlich die Persönlichkeit ins Spiel, die es dafür braucht, dass der Erfolg ein Gesicht hat.

Fan von was? Von der Qualität des Weins (Zielgruppe echte Kenner) oder der Strahlkraft des Labels (Zielgruppe Lifestyle-Trinker). Die zweite ist viel größer und leichter auszumachen, tatsächlich an Auto, Anzug und Uhr.

Diese eine stärkste Herkunft, die in der profilierten Human Brand ihrer Macher liegt, ist die unumstößlichste überhaupt. Für die echte Benchmarke ist sie unerlässlich – schwierig zu schaffen und, einmal erreicht, genauso schwierig zu verteidigen und immer weiter zu stärken. Die Wirkung, die sie erzeugt, speist sich aus etwas, was nur unzureichend erklärbar und dafür umso besser erlebbar ist. Es ist die Leidenschaft, die Integrität, die Haltung der Macher. Sie prägen das Unternehmen, und wenn sie es mit Verve tun, verkörpert es ihre Haltung. Außen herum erlebt man, wie es ist, wenn die Macher etwas machen, was sie so und nicht anders machen, weil sie gar nicht anders können. Und nicht weil es ihre oberste Maxime ist, ihren Wohlstand zu mehren. Die einfachste und zugleich wirkungsvollste Definition

Wohlstand mehren ist nicht die oberste, aber eine bedeutende Maxime. Erfolg und Geld faszinieren die Massen, brotlose Kunst wird als irrelevant abgetan. Die Marke bringt uns die Idole näher, Coco Chanel genauso wie Sheryl Sandberg.

von „Marke“: Sie ist immer das, was man sich hinter dem Rücken ihres Inhabers über sie erzählt, des Unternehmens genauso wie des Menschen. So einfach und so wahr. Um etwas absolut Begehrenswertes zu schaffen, reicht es beileibe nicht, ordinären Schaumwein herzustellen und das Glück zu haben, das in der Champagne tun zu dürfen. Nur dann darf der Schaumwein Champagner heißen. Doch auch in der Champagne gibt es exzellente Weingüter, die ihre Moussage für ein paar Euro la bouteille in deutsche SUVs verladen. Die Rheingauer Winzer feixen sich einen drüber: Sie machen handgerüttelte, flaschenvergorene Rieslingsekte zum Niederknien und dürfen das seit Anfang der Neunziger nicht mehr „méthode champenoise“ nennen. Heute sind sie froh: Champagner ist für alle, Rheingauer Rieslingsekt ist nur für die, die ihn zu schätzen wissen. Weniger für wenige – und die Preise sind viel mehr als nur in Ordnung. Die Inhaber bürgen für die Qualität und sie haben alle Zeit der Welt. Der wahre Kenner leckt sich beim bloßen Gedanken an die Ware mit der Zunge über die Augenbrauen.

Wer klein und in der Nische ist, sollte seine Kleinheit und Nischigkeit zu seiner Stärke machen. Am besten alles limitiert, das macht Uhren zu Sammlerstücken und Weine zu Raritäten, beide schön hochpreisig.

Nur was eine gute Herkunft hat, hat eine gute Zukunft. Es löst Begeisterung aus und die weckt Begehrlichkeit. Es besitzt magnetische Anziehungskraft und die zieht einen förmlich (Pull!) ins Regal. Ein Produkt allerdings, das nicht einfühlsam verständlich machen kann, woher es kommt, ist einfach nur da und tut sich immer schwer. Es ist mit der devoten Grundhaltung „Entschuldigung, dass es mich gibt!“ am Markt, und die wird dort immer gleich durchschaut, wo die Kaufentscheidung fallen soll. Vielleicht nimmt man es, wenn es sehr preiswert ist (Push!); allerdings nur, wenn es „30 % mehr!“ gibt oder das Nagelpflegeset – immerhin Nirosta und ums Haar made in Solingen – obendrauf. Das ist auch der Unterschied zwischen geriebenem Hartkäse und Parmigiano Reggiano. Der einzig wahre kommt da her, wie er heißt, und ist seit Jahrzehnten geschützt, mittlerweile EU-weit. Übersetzungen, wie im Deutschen „Parmesan“, dürfen nicht mehr von anderen Hartkäse-Produzenten verwendet werden. In der Emilia-Romagna ist das Original nicht

Der billige Nagelknieper als Anreiz dafür, eine Autopolitur zu kaufen, kommt unseriös. Wer Geld für sinnloses Product-Bundling ausgibt, hat mich als Kunden nicht verdient.

Geht das auch für Baufinanzierungen über zehn Jahre?

nur Religion, sondern auch Währung. In Modena und Parma haben sie Parmesan-Banken, bei denen die Käsereien ihre Laibe als Pfand für günstige Kredite hinterlegen. Die Filiale der Credem Banca in Modena ist mit Videokameras und Bewegungsmeldern besser gesichert als Fort Knox, behauptet Bankdirektor Paolo Benni. Bei ihm lagern 153.000 Laibe im Wert von etwa 70 Millionen Euro. Dieser Hartkäse war immer schon härter als die Lira und ist heute härter als der Euro. Herkunft ist ein regelrechtes Asset, und geronnenes Kasein aus der richtigen Region ist kreditwürdig.

Jägermeister spielt das mit der Herkunft gleich doppelt und dreifach: keine Ahnung, wo der herkommt. Es muss dort wunderschön sein, und bestimmt wachsen da famose Kräuter! Keine Ahnung, wie lange es den schon gibt, der Opa hat ihn schon gemocht. Regionalität und Tradition sind also vorhanden, und trotzdem war die langweilige, erschreckend gut etablierte Marke im Begriff, zur Grabbeigabe ihrer Liebhaber zu verkommen. Der Wandel zur Kultmarke gelingt mit der Kernaussage „Achtung, wild!". So erfahrene wie konsequente Markenmacher bewahren das Alte und erfinden das Neue, und der clevere Link zwischen beidem schafft das Momentum, das es in der Kassenzone braucht. Mit der neu durchdachten Strategie avanciert die Einschlafhilfe zum hippen Kultgetränk der Enkel. Ein Paradebeispiel dafür, was die Benchmarke kann: Inhalt, Logo und Flasche bleiben gleich. Lediglich die Werte, für die das Getränk steht, werden radikal verändert. Sie transportieren Eigenschaften wie eckig, kantig und eben wild. Das kommt an in der kaufkräftigen Zielgruppe, und zwar ohne – das ist die Kunst – die älteren Generationen zu verprellen. Im Gegenteil, man schafft es sogar, dass Großvater beim gewohnten Magenbitterchen, seit 1935 nur aus Wolfenbüttel, seine wilde Jugend erinnert. Mehr noch, er lässt sie wieder aufleben: Jägermeister ist nicht nur wieder jung, er macht auch wieder jung! Das Zeug hat wirklich Herkunft, es kommt aus der immerwährenden Glückseligkeit. Das gibt ihm Zukunft. Eines Tages kriegt man dafür ebenfalls Kredit auf der Bank.

Aus dem Benchmarkentagebuch

von Henkel & Berndt

Da hat der Grafiker mal alles draufgepackt, was der Augst so an JPGs auf dem iPhone hat. Ich nehm das Gemüse!

Klingt hochpreisig. Bei Mc Donald's bemühen sie das „Simmentaler Rind" (vulgo Fleckvieh) auf den Burger. Was ist denn die Turopolje-Sau für eine Vulgo?

Der Siegelwahn hält unvermindert an. Bald gibt es Bildchen mit „100 % verpackt", „Garantiert aus Atomen zusammengesetzt" und „Echt hergestellt".

Bei aller Siegelallergie habe ich den Verdacht, dass viele Verbraucher solch ausgezeichneten Produkten tatsächlich ihr Vorschussvertrauen schenken.

Ein Schlüsselwort mehr, und das gleiche Produkt ist 20 % teurer. Ich war eine Stunde vor Ort – die linken gingen besser weg.

Die linken sorgen für das Bild vom romantischen Spargeldinner im Kopf. Macht der hochpreisige Blanchet auch, und der ist bloß preiswerte Weißwein-Cuvée.

DIE BENCHMARKE …

IST WESENTLICH

- Fokus Customer Insight: Nur wer die Nöte seiner Kunden versteht, kann relevant handeln.
- Dafür ist es wichtig, die Schmerzpunkte genau zu analysieren: Wo liegen die Ängste, und wie muss eine Lösung aussehen, die die Lage des Kunden spürbar verbessert?
- Wesentliche Marken tragen zum Seelenfrieden bei, indem sie einen wertvollen Beitrag zur Lebensqualität leisten.

Für etwa 1,6 Millionen Kinder in Deutschland gehören Verzicht und Mangel zum Alltag. Und das in einem der reichsten Länder der Welt, das sich mit Stolz auf Humboldt, Goethe, Bach und Einstein beruft. Und auf seine Unternehmen, die ganzen Erfinder und Weltmarktführer. Alle sind sich einig darin, dass es soziale Ungerechtigkeit gibt. Getan wird relativ wenig dagegen. Man spendet meist nicht aus Geiz nicht, sondern wegen des beklommenen Gefühls: Durch die Konfrontation mit Missständen wird einem der eigene Wohlstand bewusst. Man schämt sich beinahe dafür, dass es einem besser geht. Eine Spende von ein paar Euro kommt einem vor diesem Hintergrund eher vor wie ein schäbiger Versuch, sich von seinem schlechten Gewissen freizukaufen. Das ist der kritische Punkt, an dem häufig lieber nichts geschieht.

Wobei viele Leute, sogar ganze Belegschaften, sich, statt nur zu spenden, gleich selbst engagieren.

Starke Marken adressieren solche besonders sensiblen Momente, indem sie dennoch eine Lösung bieten, die die unmittelbare Verbesserung des Ist-Zustands bewirkt. Damit das schneller und besser geht, gibt es eine starke soziale Marke, die ihnen dabei hilft: Die Non-Profit-Initiative „Deutschland rundet auf" setzt genau da an, wo eine Spende sich wie ein schäbiger Ablasshandel anfühlt. Und das auf eine sehr sympathische Art und auf Augenhöhe, ohne Druck auf die Tränendrüse. Sie nimmt bewusst keine Euros und sagt „Kleine Cents. Große Wirkung" – bei Projekten, die Kinderarmut in Deutschland bekämpfen. Die Schilder mit der Aufforderung „Aufrunden bitte!" gibt es bei großen Filialunternehmen an der Kasse. Man muss es der Kassiererin sagen, dann rundet sie auf den nächsten vollen 10-Cent-Betrag auf, und die Differenz geht an die Stiftung. In weniger als drei Jahren sind mehr als 4 Millionen Euro zusammengekommen – ohne dass die Spender es wirklich gemerkt haben. Kein Nesteln nach Kleingeld, kein Gefummel an der Ein-Herz-für-Kinder-Spardose, keine bösen Blicke aus der Warteschlange. Ein Satz genügt, den Rest macht das Kassensystem.

Vor allem sind das solche, deren Image ganz besonders davon profitiert – Kaufland, Netto, Penny, Reno, Bonprix ... Das darf ja auch so sein.

Dem Gründer der Initiative, Christian Vater, wird eines Tages bewusst: Der Deutsche kann die kleineren Cent-Münzen im Portemonnaie nicht ausstehen und spendet dennoch nicht, weil er sich bei dem Prozess der Aushändigung schäbig vorkommt. Vater weiß auch, dass Spendendosen bei den Marktleitern rote Tücher sind. Sie stehen immer im Weg, werden ständig geklaut, und der administrative Aufwand kostet mehr als das, was drin ist. Außerdem müssen sie das Geld persönlich überbringen. „Da will man Gutes tun und bekommt am Ende Ärger mit der Steuer", sagt der Leiter eines Supermarktes. „Deutschland rundet auf" bietet für genau diese „Pain Points" die Lösung. Die IT-Anwendung wird in den Kassenprozess des Partners integriert und erledigt dann die Abrechnung und Steuerliches gleich mit. Das alles immer dann, wenn der Kunde, am liebsten aus purer Gewohnheit, der Kassiererin die beiden Worte sagt: „Aufrunden bitte!".

Bei uns im Penny am Gärtnerplatz in München gibt's immer noch ein Petzauge von der charmanten Weltbürgerin an der Kasse gratis dazu.

Um der Sache die Tragschwere der milden Gabe für den guten Zweck zu nehmen, zählt Christian Vater, für sein Engagement geehrt als Best Newcomer Human Brand 2012, auf prominente Mitbürger. Zuzeiten setzen sie sich alle gleichzeitig an Deutschlands Super-, Bau-, Drogerie- und Getränkemarktkassen und trugen so die Idee in die Redaktionen. Tue Gutes und lasse darüber sprechen. Henri Maske, Heino und Andrea Sawatzki sind dabei, Cindy aus Marzahn kassiert bei Penny in Marzahn. Christian Vater schafft mit „Aufrunden bitte!" eine relevante Marke, die eine relevante gesellschaftliche Herausforderung relevant anpackt. Und, das ist besonders smart, ohne den erhobenen Zeigefinger. Am wichtigsten ist, dass man ihr fast ausschließlich im stimmigen Kontext begegnet. Dafür, dass das Geld sinnvoll investiert wird, steht das Kuratorium mit anerkannten Human Brands – pro bono, versteht sich.

Ein besonderer Customer Insight ist hier der frische Einblick in die Bedürfnisse, Wünsche, Nöte, Probleme und Verhaltensweisen des Kunden. Er führt dazu, dass der endlich sagen kann: „Now you finally got it. Now you really understand me!" Sein Spendenpotenzial und seine Bereitschaft, zu spenden, sind ihm im Zweifel gar nicht bewusst. Umso mehr freut er sich, wenn er ohne viel Aufwand zum Wohltäter avanciert. Auch deshalb ist es wichtig, regelmäßig über die konkrete Wirkung der eingeworbenen Gelder bei Initiativen wie „Off Road Kids" und „Das Family Programm" zu sprechen. Wer den Effekt seiner Gabe, gerade vor der eigenen Haustür mitten in Deutschland, plakativ mitbekommt, gibt gern wieder. Und die Partner profitieren auch, extrem glaubwürdig. Vater: „Wir wollen sicherstellen, dass jeder, der möchte, etwas Gutes tun kann. Welche Einkaufsstätte er dafür wählt, ist ihm überlassen. Außerdem: Greenwashing ist etwas, woran ich überhaupt nicht glaube. Es funktioniert nicht. Wir leben in einer Zeit von Globalisierung und Social Media, und wenn jemand etwas tut, was nicht in Ordnung ist, kommt es immer raus."

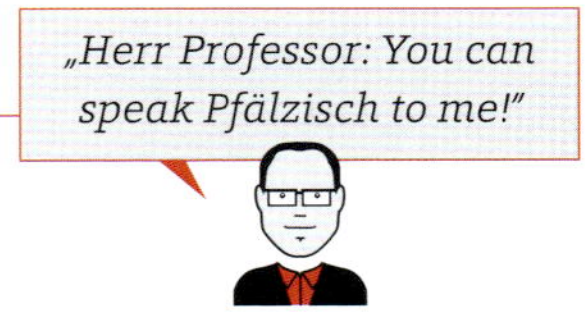

Customer Insights spiegeln die Sehnsüchte, Wünsche und Ängste des Kunden wider. Sie zeigen, was ihn zum Kauf von Produkten und Leistungen veranlasst. In vielen Fällen sind ihm seine Motive gar nicht bewusst, oder er verdrängt sie, weil die Konfrontation mit seiner Innensicht durchaus unangenehm sein kann. Wer gibt schon gern zu, dass er den Porsche nur kauft, um dem Nachbarn zu imponieren? Oder dass er San-Pellegrino-Mineralwasser trotz des hohen Preises nur nimmt, um nicht als Knauser dazustehen, wenn abends der Chef zum Essen kommt? Die starke Marke spielt mit den Ängsten des Kunden. Relevant ist sie, wenn er in ihr die Lösung für sein Problem sieht. In erster Linie will er sich auf sie verlassen können. Wenn es eine Firma schafft, ihr Produkt am neuralgischen Punkt des eingelösten Markenversprechens zu positionieren, ist sie bedeutsam.

Der Saft- und Smoothieladen Innocent hat einen sehr nachvollziehbaren Customer Insight: „Uns gibt es, damit sich jeder ganz leicht etwas Gutes tun kann (das auch noch super schmeckt)." Das ist das Versprechen. Es soll eingelöst werden, indem der Markt mit einer Vielzahl von leckeren, hochkonzentrierten Säften versorgt wird, die zu 100 % aus Obst und zu 0 % aus sonst was bestehen. „Ananas, Banane & Kokosnuss", „Brombeere, Erdbeere & Johannisbeere", „Granatapfel, Heidelbeere & Açaí" ... Die Mischung ist stets so bunt wie die Kommunikation. Und Hauptsache gesund. Der Thrill an der Sache kommt nicht aus der Produktidee, sondern aus der Positionierung: Wider Erwarten wendet sich Innocent nicht an besorgte Mütter, die ihren vom Chinesisch-, Geigen- und Yogaunterricht gestressten Highspeed-Kindern die Leistungskraft fürs drohende Assessment-Center im Waldorf-Kindergarten geben wollen. Da gibt es vielmehr noch die Väter dieser kleinen Racker. Die strampeln toujours auf den Autobahnen und in den Senator-Lounges und Meetingräumen dieser Welt und verdienen das Geld für die standesgemäße Erziehung und Ernährung ihrer Lieben. Dabei betreiben sie vor allem eines: Raubbau am eigenen Körper. Für Sport bleibt nur Zeit in den Ferien; dann reichlich, vier Stunden Tennis bei 40 Grad im Schatten, anschließend hochkant mit der Hobie Cat durchs Mittelmeer und abends Powerspinning. Nicht weniger kompromissfrei ist die Ernährung in der urlaubsfreien Zeit: drei Tassen Kaffee morgens, Frühstück bei Mc Donald's, ansonsten Nespresso und Bahlsen im Meeting und vor der Rückfahrt die extrascharfe Curry bei „Best Worscht in Town" oder in der Art. Gut, dass Rennie den Magen aufräumt.

Kommt dreiviertelwegs glaubwürdig rüber: gehört nicht zu Coca-Cola, macht nicht brachial auf bio, und die Plastikflaschen sind zum großen Teil recycelt. Nur warum die auf der Website jetzt auch noch groß rumstricken müssen wie Myboshi ...?

Nee, mein Bester, der frühstückt auf dem Lomo-Autohof, den Namen find ich Kult, und zwar das Schnitzel à la Meyer. Da gibt's auch immer was fürs Auge.

Genau hier tritt Innocent auf den Plan: Im Berufsleben des Managers gibt es nur wenige Momente, in denen er zum Nichtstun verdonnert ist – wenn er auf den Flieger wartet oder auf den Zug. Die Zeit zum Rechnerhochfahren ist zu knapp, das Umfeld zu lärmig, Telefonkonferenzen stehen keine an. Er drückt sich so rum am Airport und am Hauptbahnhof, dreht die x-te Runde bei Relay durch die Zeitungen, dann bei Rewe City. Da passiert's: Innocent, zwischen eingeschweißtem, verzehrfertigem, fast frischem Obst und Volvic-Tee mit Grüntee-Extrakt! Es schreit den Kunden an: „Hast du dir heute was Gutes getan oder warst du wieder bei Best Worscht in Town?" Jetzt Unschuld shoppen, Saft oder Schmusi. Dieses Insight trifft die Mechanik des Überzeugungsmechanismus: Ich kaufe mich frei von meinem schlechten Gewissen. Einfacher war es nie, den Vitalpegel von negativ auf positiv zu drehen. Dafür zahlt der Kunde gern, genauso wie im Fitnessstudio, und dort im Voraus, was er dann nie abtrainiert.

Also 1a Name, der zu 100 % das Versprechen auf den Punkt bringt. Großartig!

Erfolg haben die Marken, die existenzielle Kundenbedürfnisse befriedigen. Der amerikanische Psychologe Abraham Maslow stellt 1943 sein Konzept der Bedürfnishierarchie vor, das er mit Kollegen bis in die Siebzigerjahre weiter verfeinert. Demnach haben bestimmte Bedürfnisse für den Menschen eine höhere Priorität als andere. Zunächst müssen Hunger, Durst und sexuelles Verlangen gestillt sein, bevor er sich mit abstrakteren Bedürfnissen wie denen nach Sicherheit, sozialer Bezogenheit, Individualität und Selbstverwirklichung auseinandersetzt. Übertragen auf das Marketing lässt sich daraus ableiten: Je existenzieller das Bedürfnis ist, das durch ein Produkt angesprochen wird, desto eher wird die produktbezogene Information vom Kunden verarbeitet und desto wahrscheinlicher kauft er das Produkt. Man kann ein Auto als Fun Car (Mazda MX5) oder als Lifestyle Car (Fiat 500) positionieren. Eine höhere Relevanz bekommt es aber, wenn man den Sicherheitsaspekt herausstellt: „Wollen Sie wirklich, dass Ihre Tochter im Dunkeln mit dem Fahrrad nach Hause fährt?", „Schick ist der neue Kia Ceed ja, aber ist er so stabil wie der Golf?", „Haben Sie mal darüber nachgedacht, wie viele Kilometer Sie im Jahr fahren? Denken Sie nicht, dass Sie hier besonders auf Sicherheit achten sollten?". Sofort sind existenzielle Bedürfnisse, die das (Über-)Leben des Kunden betreffen, aktiviert. Volvo adressiert mit dem Claim „For Life" jahrelang diese Angst. Die Marke steht für Sicherheit, und damit das besonders glaubwürdig ist, darf ein Volvo nicht zu schön sein. Gerade das suggeriert Stabilität und gibt dem Käufer das Gefühl, im Ernstfall gut behütet zu sein.

Lieber Herr Maslow, heute stehen da in der Pyramide ganz andere besonders fundamentale Bedürfnisse: Netz, Akku, Likes.

„WAS MACHT DIE BENCHMARKE, HERR LEDERMANN?“

(EDDING)

Herr Ledermann sagt, er schläft immer gut. Das ist durchaus erstaunlich, weil er in ziemlich verantwortlicher Position ist, Chef von 650 Leuten, weltweit unterwegs, und die Aktie macht manchmal auch, was sie will. Er hält es mit den Buddenbrooks, sinngemäß: „Sei mit Freude bei den Geschäften am Tage, aber nur mit solchen, die dich nachts gut schlafen lassen." Er schläft derart gut, dass er sogar nach Tokio Eco fliegt; von den neun Stunden kriegt er sowieso nichts mit. Die Mitreisenden wissen dann immer schon, was droht: „Ich komme wunderbar ausgeschlafen an und lege direkt los mit der Arbeit, während der eine oder andere Kollege, der mittelstandsgetreu mit mir in der Holzklasse fliegt, sich durch den Tag quält."

Per Ledermann macht in Stiften; solchen, die man wegwischen kann, und Permanent Markern, bei denen der Name Programm ist. Einer der Firmengründer heißt Edding mit Nachnamen, so einfach, 1960 fängt alles an. Der andere heißt Ledermann. Erst importieren sie Filzschreiber aus Japan, dann führen sie ein Modell als Edding No. 1 auf dem deutschen Markt ein. Der Namensgeber steigt später aus. Der andere bleibt, macht die Firma noch größer und reicht den Stift zur rechten Zeit weiter. Heute ist der Vorstandsvorsitzende froh, dass er nicht so heißt wie die Firma. Er kommt mit diesem alten Golf zum Gespräch nach Bautzen – wo Edding produziert –, das Modell weiß er nicht, in T-Shirt und Pullover, Stoffschuhen und Vollbart, lädt zu Pizza und Bier. Bei Alpia stecken sie in den Achtzigern jede Mark in die Schokolade und keine Mark in die Werbung. Bei Edding stecken sie in den Zehnern keinen Euro in die Autos und die besseren Flugtickets und jeden Euro in die Stifte und die Technologien, die Entwicklung einer vollständig kompostierbaren Variante, Kombibüros, Telearbeitsplätze und Kinderpädagogen und die Edding-Akademie. Und in ganz andere Produkte, bei denen es um Farbe und Haltbarkeit geht – Druckerpatronen, Fugenmarker, Sprühlack, Nagellack. 001 ist der Farbcode für Schwarz, 002 der für Rot, es geht weiter bis 079, außerdem ein paar Sonderfarben. Per Ledermann sagt dazu: „Alles schöne Farben. Besonders schön ist, dass wir unser Ergebnis schon immer in 001 schreiben."

Sie schaffen, wovon andere träumen: So gut wie jeder sagt „Edding", wenn er „Permanent Marker" meint. Herr Ledermann findet das nicht nur gut: „Man verlangt im Laden einen Edding, und dann kommt es vor, dass man was ganz anderes, Minderwertiges kriegt. Das schadet uns." Und es schränkt ein bei der Entwicklung neuer Produkte. Er will nicht auf den Stift reduziert werden. Neuheiten sind wichtig, weil immer weniger auf Papier und ans Whiteboard geschrieben wird und immer mehr elektronisch. Für seine Kernprodukte rechnet er bis 2020 mit 10 % Rückgang in Europa. Da kann die Expansion in Auslandsmärkte viel wettmachen und auch die Markendehnung. In Kolumbien und Argentinien gibt es schon kleine Bautzen. Dort wird auch produziert, genauso wie in Sachsen. Hier sind es 85 Millionen Stifte im Jahr, mit einem Schwerpunkt – Kunststoffspritzguss im Grenzbereich von hundertstel Millimetern: „Stifte, die austrocknen, sind halt nicht ganz dicht." Und damit nicht von Edding. In Argentinien liegt die gestützte Markenbekanntheit schon bei 34 %. Da ist noch Luft nach oben, in Deutschland sind es 97 %. Die Strategie: „Wir haben den Anspruch, als Marke einheitlich aufzutreten. Das heißt, wir definieren für jedes Land den Rahmen, in dem dann lokal die Umsetzung stattfindet." Also so corporate wie nötig und so landestypisch wie möglich, vor dem Hintergrund der immer anders gelagerten Faktoren Kultur, Markt, Zielgruppe, Wettbewerb ... Die Verantwortlichen vor Ort wissen einfach am besten, wie man dort den Rahmen ausfüllt, und es bringt nichts, sie von Deutschland aus zu gängeln. „Mit der Einführung des Brand-Managements haben wir den Rahmen bewusst enger gesteckt, weil der einheitliche Markenauftritt sehr wichtig ist. Und wir haben glücklicherweise Leute, die sich nicht alles gefallen lassen. Dann wird miteinander gekämpft, und am Ende findet sich das richtige Maß." Edding ist in 100 Ländern präsent; strategisch bearbeitet werden erst einige europäische Länder und einige in Lateinamerika.

Die Marke ist stark, aber noch nicht stark genug für das riesige Brasilien. Da kauft Herr Ledermann lieber erst mal zu. Zuvor fragt er jeden Taxifahrer, jeden Hotelangestellten in Rio und São Paulo: „Kennen Sie Compactor?" Das ist sein Wunschkandidat für eine Beteiligung vor Ort. Alle kennen die einheimische Marke, keiner kennt Edding. „Da muss man realistisch einschätzen, was man erreichen kann, und wir haben gesagt: Riesenpfund, auf geht's!" Jetzt sollen, mit der Power von Edding, für beide Partner neue Märkte entstehen – Brasilien für Edding, der Rest der Welt für Compactor.

Auch für die Markendehnung gibt es viele Ansatzpunkte. Mit Legamaster ist schon lange etwas Diversifizierendes im Unternehmen – Konferenzraumtechnik, vor allem elektronische, die den klassischen Stift nicht braucht. Für ganz andere stiftferne Ansätze gibt es die eigene Abteilung zur Beobachtung disruptiver Technologien, die bestehende Anwendungen eines Tages verdrängen und ersetzen könnten. Da will man früh informiert sein und die Strategie dann entsprechend anpassen. Die Erkenntnisse gehen ans Brand Management und fließen dort in die Entwicklung neuer Produkte ein. Das mit dem Füller geht vor Jahren schief. Hier sind andere einfach besser und vor allem glaubwürdiger. Herr Ledermann spricht voller Wertschätzung von Lamy, Rotring und Pelikan, und er sagt, ganz erkenntnisreich: „Wir wollten aus dem Produkt kommen, das war falsch. Heute kommen wir aus der Marke und aus dem, wofür sie steht." Edding ist Markieren, nicht Schreiben. Die Druckerpatronen funktionieren gut, tragen inzwischen 8 % zum Umsatz bei – auf einem schmalen Grat, was den Brand-fit angeht. Man ist damit auf der richtigen Seite, weil nicht die Schreib-, sondern die Buntkompetenz assoziiert wird. Und der Dekolack zum Sprühen passt auch. Als Stift gibt es den schon länger, deshalb sieht die Spraydose genauso aus, auch mit der markanten Kappe, nur eben viel größer und ziemlich cool. Selbst produziert wird beides nicht, dafür ist alles engineered und enabled im eigenen Haus: „Wir müssen nicht selbst herstellen, wir müssen das Beste haben, in Edding-Qualität." Auch deshalb pitcht Bautzen immer mit um die Produktionsaufträge. 200 Milliliter Dosenlack kosten im Laden 8,99 Euro, von anderen Herstellern kriegt man die doppelte Menge im vergleichbaren Farbton für weniger als die Hälfte. „Das", sagt Herr Ledermann, „ist das Preispremium, das ganz klar aus der Marke kommt."

Für ihn ist die Marke „ein unglaubliches Asset", zu hüten wie ein Schatz und gleichzeitig zu stärken und auszubauen. Sie macht profane Produkte sexy und begehrenswert: „Bei Spraydosen fand Marke bisher gar nicht richtig statt. Wir sagten uns, da muss es doch was über das emotionslose Sprühen hinaus geben ..." Ganz anders sexy wird es jetzt erst, mit dem Nagellack. Der kommt zustande, wenn man der „Eddipreneurship" freien Lauf lässt: „Wir verstehen Benchmarke so, dass wir uns immer wieder an dem orientieren, was es noch nicht gibt. Wir wollen Dinge anders machen." Nagellack von Edding gibt es 55 Jahre nicht, jetzt in 58 Farben; erst testweise bei Müller im Drogeriemarkt, dann in vielen Parfümerien, offline wie online. 8 Milliliter kosten 7,95 Euro, wobei drei genetisch im Unternehmen verankerte Eigenschaften besonders wichtig sind, damit die Marke sich glaubwürdig dehnt: deckt gut, hält lange, platzt nicht ab. Und der Claim ist wichtig – weit weg von den Sally Hansens, Manhattans und Astors. Edding Laque ist für Frauen, die beim Nägellackieren ihren Mann stehen: „Power statt Püppchen". Das ist ein heißer Ritt im Regal. Wer ihn wagt, erhöht die Chance, Benchmarke zu bleiben. Investitionsvolumen: eine halbe Million Euro. Zwei Faktoren sind Herrn Ledermann neben dem Finanziellen auch noch wichtig: „Das Produkt macht uns Spaß. Und wir treten nicht dafür an, die Marktanteile von L'Oréal zu übernehmen." Lieber treten sie an mit wild lackierten VW-Bullis, den original alten, für die Guerilla-Maniküre mit Passantinnen hinten im Laderaum, direkt vorm Point of Sale in der Müller-Filiale, bis das Ordnungsamt vor Ort ist.

Die Eddipreneurs sind die spinnerten Luftschlossbauer. Am Hauptsitz in Ahrensburg kommen sie regelmäßig zusammen, quer durch alle Abteilungen, da ist alles erlaubt und gefragt. Und es gibt die Zukunftsnächte mit Mitarbeitern und Studenten; in einer einzigen werden bis zu 400 Ideen geboren, auch die mit dem Nagellack. Für die Ideen in der engeren Wahl folgt ein markenstrategisch und betriebswirtschaftlich belastbares Konzept. Dann kommen die Eddiplementers. Sie lassen gemeinsam mit Dr. Seidels Leuten in der Abteilung für Forschung und Entwicklung die letzte Luftschlossluft raus, machen die Projekte marktreif und bauen so die Brücke in die Realität. Alles zusammen, von der Idee bis zur Marktreife, passiert auf der Edding-Akademie. What's next? Tattoos vielleicht. Oder Wandfarbe. Allerdings nur, wenn man dafür glaubwürdig aus der Marke kommt und sie dehnt, aber nicht überdehnt.

Wichtig ist Herrn Ledermann in solchen Prozessen, dass alle Beteiligten Tinte in den Adern haben – und möglichst unterschiedlich darin sind, wie sie denken und handeln. Bei Edding soll man viel Freiraum haben. Auch durch die offenen Kombibüros, die seit den frühen Neunzigern die Vorzüge abgeschlossener Räume mit denen des Gruppenbüros verbinden, alles verglast und für alle einsehbar. Und auf jeder Ebene gestalten die Mitarbeiter einen Bereich selbst, mit alten Sofas und Stehschränken und was auch immer. Freiraum gibt auch die Telearbeit, und die ans Unternehmen gebundenen freien Kinderpädagogen springen ein, wenn das Kind eines Mitarbeiters zu gesund ist fürs Bett und zu krank für Kita oder Schule. Dann wird es betreut, im Büro oder zu Hause. Worüber sie jetzt nachdenken in Ahrensburg, 40 Kilometer weg von der Außenalster, ist ein Satellitenbüro mitten in Hamburg. Das würde, neben dem starken Namen, die Nachwuchskräfte aus der Generation Y noch mal ganz anders für die Firma begeistern. Ob dann noch ausreichend persönlicher Austausch gegeben ist, unerlässlich für Innovation und Umsetzung, wird kontrovers diskutiert.

Mit Produkten von Edding werden die noch vorhandenen Steine der Dresdner Frauenkirche vor dem Wiederaufbau markiert. 2006 machen sie WM-Karten fälschungssicher. Und einmal ruft eine Dame von der Reeperbahn in der Firma an: Ein Kunde hat sie großflächig angemalt, wie das wieder abgeht? Erst mal gar nicht, es war ein Permanent Marker. Jetzt muss sie die paar Wochen abwarten, bis sich das von selbst erledigt. Starke Marken erzählen starke Geschichten. Aber nur, wenn sie wissen, wofür sie stehen und was sie können (und wofür und was eben nicht). Die funktionalen Markenwerte von Edding heißen robust, langlebig, vielfältig, hochwertig; die emotionalen sind ausdrucksstark, kreativ und glaubhaft. Ziemlich profan ist das beim Lesen, aber nicht beim Erleben dessen, was sie daraus machen. Herr Ledermann, meint man, hat zwei ganz eigene Markenwerte: Der eine ist präsent. Das ist er besonders, wenn er durch das Werk in Bautzen läuft, die Leute mit Handschlag begrüßt und bei jedem Einzelnen weiß, was gerade läuft, beruflich und daheim. Der andere ist demütig. Er hat Demut vor der dienenden Aufgabe, die jemand hat, der das Werk der Vorfahren bewahren will und die Firma in die Zukunft führen muss. An Thomas Manns Buddenbrooks lehnt er sein Arbeitsmotto an. Allerdings werden die irgendwann übermütig, sie pokern zu hoch und verlieren das Unternehmen. Bei Edding wird nicht gezockt, es geht vielmehr um die richtige Strategie und die cleveren Schachzüge. Per Ledermann sagt: „Ich habe keine Angst, aber ich habe großen Respekt." Die Gewissheit, dass Edding Benchmarke ist, sorgt mit dafür, dass er auch weiterhin gut schläft. Dann ist da auch der Raum für seinen großen Traum – den zu 100 % kompostierbaren Stift. „Das wird noch ein paar Jahre dauern, aber wir werden ihn erleben. Ich bin davon überzeugt."

Aus dem Benchmarkentagebuch

von Henkel & Berndt

Drama, Baby! Oberhemden sind low-interest, bis das bisschen Eigelb das nahe Meeting zu gefährden droht. Dann wird Seidensticker zum Freund fürs Leben.

Klasse! Wobei die doch hängend angeboten werden müssen. Oder wer dämpft die auf?

„Strickstubb" war gestern – die sind gendermäßig ganz weit vorn (und bei der Internetadresse auch). Find ick jut!

Die usselige Verkleidung von dem Fallrohr hätten die originalen Häkeljungs von Myboshi besser hingekriegt.

Toller neuer Touchpoint. Wenn jetzt noch der Code für die backfertige Online-Lieferung der Sachertortenzutaten durch rewe.de beiliegt, greife ich zu.

In 84030 Ergolding haben sie verstanden: Weg vom Low-Interest-Basic, hin zum Enabler der großen Augen am Geburtstag.

DIE BENCHMARKE ...

HAT ENTSCHIEDENE MACHER

- Wer immer anderen nach dem Mund redet, bekommt kein eigenes Profil. Das gilt für Marken wie für Menschen.
- Klare Entscheidungen sind schwierigere Entscheidungen. Sorgfältiges Abwägen ist richtig und wichtig – genauso wie der richtige Zeitpunkt, sie zu fällen.
- Marke ist Chefsache, und die zentralen Aktivitäten in der Markenführung müssen voll und ganz von oben gedeckt sein.

Keine Entscheidung ist die schlechteste Entscheidung. Immer. So einfach – und so schwierig zu beherzigen. Gerade beim Aufsetzen, Leben und Erlebbarmachen von Marke: Jeder kann das, jeder schnabelt mit und jeder hat eine gute Idee. Wer auf alle hört, pflegt schnell das schlappe Märkchen und nicht die starke Marke. Vergebliche Liebesmüh. Markenorientierte Unternehmensführung ist mehr als die Verabredung mit sich selbst; sie ist mehr als der Bulletpoint in der Stellenbeschreibung für Führungskräfte auf Ebene I, II und III. Und sie ist mehr als der Workshop, bei dem alle mitraten dürfen, ob der Anspruch des Unternehmens, seine Berechtigung dafür, am Markt zu sein, sein ultimativer Nutzen in einem Wort eher so ist wie bei Lindt (Genuss) oder lieber wie bei Audi (Vorsprung) oder doch eher wie bei Wolf-Garten (Enjoying Home). Was der vehementeste Mitrater ruft, kommt als Markenkern ganz in die Mitte, an die prominenteste Stelle im Schaubild der Wahl, das alles hübsch veranschaulicht – mal ist das ein Ei, mal ein Dreieck, besonders gern die Pyramide. Da hat jeder Berater sein ganz eigenes Modell; je komplexer, desto besser.

Und daraus machen sie den Claim für die externen Mitrater: „Feel the Difference" von Ford haben seinerzeit viele als „Fühl das Differenzial" verstanden.

Selbst wenn die Marke ordentlich und mit Tiefgang entwickelt ist und das Ergebnis tatsächlich die Kraft für eine lange Zukunft freizusetzen vermag, hilft eines nicht (die Verantwortlichen im Unternehmen tun es nur zu gern): Schublade auf, Powerpoint-Präse mit dem Ergebnis rein, Schublade zu. Alle reiben sich die Hände: „Jetzt sind wir Marke, da erhöhen wir erst mal ordentlich die Preise!" Zur Sicherheit speichern sie die Datei im Ordner „Strategie und Gedöns" auf dem Server. Da schlummert sie friedlich und die Marke entfaltet ihre ganze Kraft ...

Wer das tut, drückt sich vor der nächsten wichtigen Entscheidung. Die erste war die zugunsten der konsequenten Markenorientierung und damit zugunsten der Entwicklung der Marken-Persönlichkeit. Mission accomplished. Jetzt muss

Und das, indem man konsequent alle Mitarbeiter befähigt: Was bedeutet „Genuss" für den Lagerarbeiter, „Vorsprung" für die Dame im Callcenter, „Enjoying Home" für den Schrauber an der Serviceannahme beim Händler?

die zweite Entscheidung fallen: Wir befähigen alle Mitarbeiter zu markenadäquatem Verhalten. Nach der Markenentwicklung ist nämlich vor der Markenerlebbarmachung. Im Grunde denkbar einfach. Das Erleben, Leben und Erlebbarmachen der Marke beginnt intern. Erst wenn die Mitarbeiter mit diesem guten Markenvirus infiziert und schon ein gutes Stück weit ihre Botschafter sind, folgt die externe Markenarbeit: Lieferanten und Interessenten, Kunden und Presseleute werden konstruktiv betroffen gemacht. Das gewünschte Gefühl: Ah, das betrifft mich auch. Und all die anderen sowieso – Konkurrenten, Kunden, abtrünnige Kunden, unentschlossene Fast-Kunden, potenzielle Bewerber, Journalisten ... Um positive Betroffenheit herzustellen, hat man immer nur einen Schuss, und der muss sitzen. Der erste Eindruck zählt auch bei der Markenwahrnehmung, und für den gibt es auch keine zweite Chance.

Deshalb hält in seinem Firmenkonglomerat die Distribution & Marketing GmbH 49 % an der Red Bull GmbH – und nicht umgekehrt. Wer seine Kompetenzen kennt, ist im Vorteil.

Bei „Benchmarken" haben wir eine weitgehend Apple-, Coca-Cola- und Zalando-freie Zone. Red Bull darf kurz mitspielen, weil Dietrich Mateschitz so ein entschiedener Macher und so gar kein unentschlossener Zauderer ist. Diese Gabe hat das Unternehmen dazu gemacht, was es heute ist. Der Mann hat nichts erfunden, nicht mal die Rezeptur. Er stellt nichts her, weder die Dose noch den Trunk. Er trifft bloß die Entscheidungen, und zwar alle, sofort – kurz, knapp, knackig. Außerdem im Kreise ganz weniger Vertrauter, Markenarbeit ist nicht demokratisch. So müssen diese Entscheidungen sein. So entsteht, was es braucht, um ein Cent-Produkt absolut begehrenswert zu machen und zu einem sagenhaften Preis überall auf dem Planeten loszuschlagen, und die Bull-Konsumenten schreien vor Glück, wenn sie ihr Geld losgeworden sind. Um das Produkt herum entstehen der wertvolle, relevante Kommunikationsinhalt für die Bull-Community (wer den hat, ist sowieso King) und gleich die vollkommen devoten, unkritischen Abspielrampen dafür – TV-Sender, Magazine, Produktionsgesellschaften: „Wenn du von der Verbreitung über die Medien nicht abhängig sein willst, schaffst du dir am besten deine eigenen." Sagt der Mateschitz. Da springt Felix Baumgartner viel effektvoller aus dem Weltraum und die Wingsuit-Flieger kratzen viel nervenkitzelnder an den Felsvorsprüngen. Der Mateschitz geht nicht auf den Markt, er macht den Markt: „Wir bringen das Produkt nicht zu den Leuten. Wir bringen die Leute zum Produkt." Darin steckt der feine, entscheidende Unterschied. Erst der macht die Marke zur Benchmarke. Das geht im Kleinen ebenfalls und auch bei B-to-B.

Und was wird aus Red Bull nach Mateschitz, Jahrgang 1944? Wenn immer nur einer entscheidet, lernen es die anderen nicht. Das wird schnell zum Problem. (Roland Berger hat den Übergang clever eingefädelt.)

Mit Augen und Ohren etwas von dem klauen, was Red Bull durch viel Trial & Error sehr aufwendig perfektioniert hat, darf sich jeder trauen. Eine Scheibe Mateschitz tut jedem gut. Markenbildung ist immer Markenbildung, und Marketing bleibt Marketing. Die Regeln sind dieselben, unabhängig von der Branche. Am unerheblichsten ist, ob man sich im B-to-C-Umfeld oder leider Gottes bei den Geschäftemachern zweiter Klasse, den Schmuddelkindern im B-to-B-Segment, wähnt. „Bleibt uns vom Hof mit eurem ewigen Apple-, Coca-Cola- und Zalando-Gewese", hören wir sie rufen, „und packt Red Bull, Ferrero und Amazon gleich mit dazu". Okay, machen wir. Dennoch bleiben wir bei unserer Meinung, dass es völlig egal ist, ob man ein „C", den Endverbraucher, als Gegenüber hat oder ein „B", den Einkäufer, Weiterverarbeiter und Wiederverkäufer. Da sind Henkel & Berndt sich ausnahmsweise einig. Und zwar deshalb, weil auf der anderen Seite des Tisches immer ein Mensch seine Entscheidung trifft, sehr klar, für oder gegen das Angebot; ob es sich um galvanisiertes Lochblech für die Raumfahrt oder um Mineralwasser nur scheinbar von Perrier in Griechenland (auf dem Etikett der an sich unverwechselbaren grünen Konturflasche steht dort „Korpi") handelt. Man mag es kaum glauben: Lochblechleute haben auch Gefühle. Sie lassen sich genauso begeistern wie Red-Bull-Trinker, nur ganz anders. Sie entscheiden mit dem Herzen und begründen die Entscheidung mit dem Schädel.

Ist googeln B-to-B oder B-to-C? Wer es nicht genau weiß, kann das mal yahooen.

Da wollen sie schon spüren, dass das Angebot mehr ist als nur verfügbar. Lochblechleute müssen das Lochblech im Moment ihrer Entscheidung wollen, wollen wie sonst nichts auf der Welt. Es gibt nur H-to-H: Human-to-Human.

> *Ich bin für One-to-one – "Human" klingt so biologisch. Es sprechen immer Menschen und die haben Empfindungen. Unternehmen an sich können weder senden noch empfangen.*

Doppelt schlimm beim Benchmarke-Machen: Klare Entscheidungen sind superhart zu fällen, und die falschen kann man nur schwer bis gar nicht wiedergutmachen. Das führt dazu, dass viele Manager zu der Meinung gelangen, es sei besser, die Regel Nr. 1 anzuwenden: „Ich sag nichts, lass du's auch bleiben." Dabei ist es hier wie bei allen anderen unternehmens-, produkt- und vertriebsstrategischen Entscheidungen: Es gibt viel mehr als das eine Richtig und das andere Falsch, und ein gutes Stück Unberechenbarkeit, Wagnis, Risiko bleibt immer. Wo Menschen mitspielen, macht sich Unwägbarkeit breit, weil sie Schiss haben vor der Veränderung. Das Ziel gelebte Markenorientierung bringt auf dem Weg zum Erleben zuerst vieles durcheinander, damit es sich hochattraktiv neu zusammenfügen kann. Dann haben auch die Mitarbeiter was davon, weil sie besser eingebunden sind und mit mehr Freude weniger tun müssen, um mehr zu erreichen; für sich selbst wie für die Firma.

> *Hier gilt die Formel-1-Regel: Wer immer Ideallinie fährt, kann nicht überholen. Weiß ich von Nick Heidfeld.*

Es gibt bei Marke viele Wege, Alternativen, Abarten, Fallstricke, Fettnäpfe. Um hier wirklich tatkräftig zu entscheiden und dabei besser als bloß richtig vorzugehen, braucht es zunächst die stärkste Kraft überhaupt, als unabdingbare Voraussetzung dafür, die Marke des Unternehmens zum Leben zu erwecken: die restlose Überzeugung des Chefs. Davon, dass seine starken Produkte sein Leben sind – und die starke Marke ist für alle die Lebensversicherung. Wen das nicht restlos überzeugt, wer hier nicht Feuer fängt, fängt besser gar nicht erst an mit der Markenorientierung und damit, dafür vieles umzukrempeln. Es geht nur ganz oder gar nicht, mit allen Konsequenzen; und einmal angefangen, darf man nicht mehr damit aufhören. Also Schublade wieder auf,

> *Diese produktzentrierte Denke ist alles andere als Red-Bull-like. Das Wichtigste sind die Kunden. Die emotionale Beziehung zu ihnen ist die wahre Lebensversicherung.*

Marken-Präse raus und auf geht's: Jetzt wird die Marke erlebbar gelebt! Überall, von allen, an allen Kontaktpunkten. Dabei tun ständig weitere klare Entscheidungen not, wie in allen anderen Belangen im großen, weiten Unternehmensalltag auch. Wer hier nicht genauso führungsstark entscheidet, dem fliegt die Marke, sein größtes Kapital, um die Ohren. Zurück bleibt ein netter Versuch, und wenn sich all die aufgescheuchten Vögel wieder auf ihre Stangen gesetzt haben, machen sie es wieder, wie sie es schon immer gemacht haben: sauberes, unaufgeregtes Business auf der Grundlage von „Qualität", „Tradition" und „Engineering". So lauten die Markenwerte (oder was sie dafür halten) von 107 % der Unternehmen, die mitreden wollen beim sexy Thema Marke, aber nicht wirklich dazu bereit sind, fortwährend etwas dafür zu tun. Erst säen, dann ernten, dann – wichtig! – immer wieder säen ...

> *Was sollen eigentlich immer diese verstaubenden Booklets? Wer heute mitreißen will, versendet MP4s aufs Handy, macht Markenspiele und Brand Slams.*

Markenführung ist Chefsache. Wenn der Boss sie als solche behandelt, zeichnet er nach der Entwicklung persönlich für die Umsetzung verantwortlich. Das geht nur top-down und nicht im großen Gremium mit den vielen Achs und Abers, und es braucht den starken Vorleber. Er ist dem Vertriebsleiter genauso wie dem Pförtner, dem Lokaljournalisten genauso wie dem Kleinstkunden gegenüber das beste Vorbild, das es gibt. Und zwar 24/7, in der Firma sowieso und auf dem Familienfest und im Rotary-Club erst recht. Dort ist verspürte Begehrlichkeit ganz besonders wertvoll. Sie macht Bekannte zu Kunden und Absolventen zu Kollegen. Untersuchungen zeigen, dass Unternehmen, die die Marke zur Chefsache machen und sie auf Vorstandsebene managen, durchschnittlich 30 % mehr Markenwert haben als die, die Markenverantwortung auf einer unteren Managementebene ansiedeln.

> *Dieser Anspruch bleibt bei angestellten Chefs so lange Theorie, bis er sich endlich in den KPIs wiederfindet und bis die Marke als erfolgs- und vergütungsrelevante Größe direkt auf den Entscheider einwirkt.*

Rund zwei Drittel der großen börsennotierten deutschen Unternehmen und der größten Mittelständler verzichten immer noch auf die Verantwortlichkeit für die Marke auf Vorstands- oder Geschäftsführungsebene. Dabei ist die Verankerung der

> *Das liegt unter anderem daran, dass Markenbewertungsagenturen es versäumen, den Mehrwert des hohen Markenwerts zu vermitteln. Wer seine Bilanz polieren will, braucht ihn. Doch er wirkt vor allem emotional, wenn er richtig gespielt wird.*

Markenführung in der Führungsetage noch aus anderen Gründen sinnvoll: Studien zeigen, dass die Marke mit etwa 50 % den größten Einfluss auf den Unternehmenserfolg hat und die Mehrheit der Topmanager das genauso sieht. Marke als Chefsache, vor allem im Umfeld von Corporate Social Responsibility. Davon spricht inzwischen jeder, nur wie man das Bullshit-Bingo-Wort nachhaltig mit Sinn auflädt, weiß keiner genau und will keiner genau wissen. Auch da muss zuerst der Chef ran. CSR ist ein zentrales Führungsthema, und das muss oben vorgelebt und bis nach ganz unten durchgereicht werden. Hier hat der Unternehmer mit seinem Verhalten – besonders vor dem Hintergrund der großen öffentlichen Aufmerksamkeit gegenüber CSR – ganz unmittelbar Einfluss auf die Markenführung, so oder eben so.

Adidas, Beiersdorf, Volkswagen. Sie alle haben verstanden, wie es geht, und viel Erfolg mit ihren top-down geführten Marken. Sie erzielen jedes Jahr erste Plätze bei der Messung ihres Markenwerts. Der ist besonders entscheidend, wenn man bedenkt, dass Adidas nur Stoff zusammennäht, halt mit drei applizierten Streifen, Red Bull macht Haribo-Wasser mit was drin, und westwing.com schickt designiges Zeug von A nach B. Adidas hat keine Nähereien, Red Bull hat keine Abfüllanlagen und Westwing hat keine Designer. Aber sie alle haben das, was sie unwiderstehlich macht – und aus Käufern immer mehr Käufer. Man kann es nicht anfassen, aber man kann es fühlen. Wenn man genau hinschmeckt, schmeckt man es auch. Und man kann es hören, sehen, riechen. Für dieses Etwas, für den testierten Markenwert, geben die Banken sogar Kredit – als beste Sicherheit, die sie kriegen können. All die haptischen Assets interessieren sie immer weniger: die Hauptverwaltung am skurrilen Standort mit den paar USM-Regalen, die geleasten Firmenwagen, Passat und Mondeo und so, die abgeschriebenen Computer. Die Bank weiß ganz genau, dass sie den Markenwert im Fall der Fälle wunderbar realisieren kann, und dann bedient er das Darlehen doppelt und dreifach.

> *Wie lange wird Westwing noch begehrt sein? Bei mir kühlt die Freundschaft stark ab, seitdem ich jede Woche Werbemails kriege, nur weil ich einmal das Häkchen falsch gesetzt habe.*

DIE BENCHMARKE ...

IST GESELL-SCHAFTLICH

- Zeitgemäßes Wirtschaften stellt soziales Handeln in den Mittelpunkt, dann kommen die eigenen Interessen. Nicht umgekehrt.
- Mit der Sharing Economy stehen Unternehmen vor großen Herausforderungen. Sie reichen bis zur Notwendigkeit, eingefahrene Erlösmodelle zu überdenken.
- Die Orientierung in Richtung gelebte Verantwortung gegenüber Mensch und Natur sollte aus der Marke kommen. Dann nutzt sie allen, auch dem Unternehmen.

Es gibt Firmen, die sind groß wie Städte. Und es gibt Städte, die tragen, meint man, die Namen großer Unternehmen: Oerlikon, Rehau, Salzgitter. Das erfolgreiche Unternehmertum bei starken Marken ist meist untrennbar mit der gesellschaftlichen Entwicklung in ihrem Umfeld verbunden. Sie prägen die Umgebung, ziehen eine bestimmte Klientel an Mitarbeitern an, gestalten mit ihrem sozialen Engagement aktiv das Vereins- und Kulturleben und sind potente Steuerzahler und damit Schwergewichte in der Politik. Der Anteil der Akademiker an der Bevölkerung ist in Walldorf deutlich höher als in Essen. In Rüsselsheim ballen sich die Opel-Fahrer, viel mehr als in Stuttgart. In Hamburg findet man die beste Journalistenschule, in Frankfurt das führende Forschungsinstitut für Finanzen. Dass die so stark variierende Struktur der Bevölkerung etwas mit SAP, Thyssen-Krupp, Opel, Mercedes, Gruner & Jahr und der Deutschen Bank zu tun hat, liegt auf der Hand. Unternehmen fördern das, was ihnen vertraut ist und sie bei ihrem weiteren Fortkommen unterstützt. Dass dabei rein opportunistisches Denken und Handeln nicht unendlich lange gut geht, liegt angesichts des wachsenden sozialen Gefälles auf der Hand. Wichtiger sollte wieder die Erkenntnis werden, dass die fruchtbare Entwicklung der Gesellschaft nur im Gleichschritt mit den Unternehmen erfolgt. Hier sind die vorausschauenden, -denkenden und -handelnden Marken gefragt. Es sind die, die sich ihrer Verantwortung stellen und aktiv daran mitarbeiten.

Und im Himmel ist immerwährender Jahrmarkt, du Sozialromantiker. Da muss es den Companys schon sehr an den Kragen gehen, dass sich signifikant was tut.

Merck ist das älteste chemisch-pharmazeutische Unternehmen der Welt. Die Firma ist benannt nach der Apothekerfamilie Merck, die 1668 mit der Engel-Apotheke in Darmstadt den Grundstein für den Weltkonzern gelegt hat. Heute beschäftigt er rund 39.000 Mitarbeiter in 65 Ländern, Umsatz mehr als 11,5 Milliarden Euro. Eine Erfolgsgeschichte, wie es nicht viele vergleichbare gibt und die große Verantwortung mit sich bringt. Merck ist am Stammsitz mit 8.900 Beschäftigten der größte Arbeitgeber. Ein

Großteil davon lebt in der Stadt. Die Menschen verschiedenster Nationalitäten und Kulturen gilt es ins städtische Leben zu integrieren. Dabei hat Zufriedenheit mit dem Arbeitsplatz viel damit zu tun, ob man sich im Ort willkommen und wohlfühlt, wie die Möglichkeiten für Kinderbetreuung sind und ob das sportliche und kulturelle Angebot passt. Sich in diesen Bereichen ganz bewusst zu engagieren, ist Teil der sozialen Verantwortung bei Merck, der man sich stellt. Darüber hinaus ist es geschäftspolitisch schlicht notwendig: Wer im War for Talent die besten Arbeitnehmer für sich gewinnen und halten will, muss attraktiv sein – und das nicht bloß in Bezug auf die beruflichen Inhalte und Möglichkeiten.

„Wir von Merck begreifen uns als Partner für die Gestaltung einer guten Zukunft", sagt der CEO Karl-Ludwig Kley. Mut, Leistung, Verantwortung, Respekt, Integrität und Transparenz hat Merck als Markenwerte für sich definiert, um diesem Anspruch mit Blick auf seine Produkte und Services – und auf seine gesellschaftliche Verantwortung – gerecht zu werden. Den Schwerpunkt bei den Aktivitäten fürs Gemeinwohl sieht man bei Kultur und Bildung: „Als forschungsbasiertes Hightech-Unternehmen fördern wir weltweit kulturelle Initiativen und engagieren uns für Bildungsprojekte. Denn nur Bildung ermöglicht den Zugang zu Kultur." Das zeigt Identität. Man weiß, wo die eigenen Wurzeln sind, und engagiert sich überaus authentisch in Bereichen, die zum Unternehmen passen. Das Engagement kommt aus der DNA der Marke, und das unterstützt die Verantwortlichen dabei, sich mit den Förderthemen zu identifizieren und sich nachhaltig dafür zu begeistern. Fokussierung ist dabei wesentlich für den Erfolg. Merck ist auch Sponsor des neuen Stadions vom Darmstadt 98. Im Gegensatz zum Bayer-Konzern setzt man im Fußball allerdings keinen Schwerpunkt, sondern hilft lediglich punktuell bei einem Bauvorhaben von breitem gesellschaftlichem Interesse und höchstem Identitätspotenzial. Trikotsponsor, also der Unterstützer mit der medialen Reichweite, ist die Software AG, nicht

Liegt es an mir, dass ich von dem noch nie was gehört habe? Oder an ihm, weil die wahren Human Brands im Stillen Fakten schaffen, statt sich dauernd irgendwo zu exponieren?

Merck. Das ist ein feiner Unterschied, der das Selbstverständnis von Merck unterstreicht.

Das klingt alles so schön. Gibt es da keinen Pferdefuß? Merkwürdig, mir fällt zu Merck kein Skandälchen ein …

Reichweite ganz anderer Art erzielt man mit der Philharmonie Merck. Und zwar so identitätsstiftend, wie man Identität definiert, Sie gehört zu den besten ihrer Art. Das Ensemble wird 1966 als Werksorchester gegründet unter dem Namen „Instrumentalkreis im Hause Merck". Daraus entwickelt sich ein Profi-Orchester mit bis zu 80 freiberuflichen Musikern, die regelmäßig für größere Musikprojekte zusammenkommen. Mehr als 20.000 Zuschauer besuchen jedes Jahr die Konzerte in Darmstadt und Umgebung; außerdem macht das Ensemble mit regelmäßigen internationalen Konzertreisen durch Europa und bis nach Indien, Brasilien und Mexiko und sehr gut kritisierten CD-Produktionen von sich reden. Sie machen nicht nur Musik für andere, sie sorgen auch dafür, dass die anderen mehr Musik machen: Am Standort Darmstadt veranstaltet die Philharmonie Kinder- und Jugendprojekte – Sitzkissenkonzerte, Orchesterwerkstätten, Intensiv-Workshops, in denen bis zu 50 Kinder mit den Profis arbeiten. Für das breite interessierte Publikum gibt es alle zwei Jahre das Festival „Musikalischer Herbst". Dazu lädt die Philharmonie einen „internationalen Spitzenklangkörper" (vulgo: Orchester) nach Darmstadt ein und man tritt zusammen auf. Der Ruf der Darmstädter wird in der Szene für so gut befunden, dass sie tatsächlich kommen aus London, Leipzig und Stockholm. Das freut nicht nur Merckianer, sondern alle Darmstädter. Merck macht sich dort stark, wo klamme Stadtkassen einschneidende Maßnahmen erfordern. Merck gehört zu Darmstadt wie B. Braun zu Melsungen und Bayer zu Leverkusen.

Wie altruistisch, gerade in der finanziell so angespannten klassischen Musik. Im Profifußball geht's immer nur um das eine, hier anscheinend wirklich mal um das andere.

Wer das Potenzial erkennt und die Verbundenheit mit der Region mit Taten und Freude fördert, macht vieles richtig. Große Unternehmen verursachen an ihren Standorten Verkehrschaos, Umweltbelastung und monostrukturelle Entwicklungen. Die profilierten unter ihnen wissen, wie sie diese Auswüchse mehr als nur kompensieren. Aus der sozialen Verantwortung heraus genauso wie – und das ist erlaubt, schließlich sind sie keine gemeinnützigen Vereine – im Hinblick auf ihre unternehmerischen Ziele.

Unternehmen geben einen Teil ihres Erfolgs an die Gesellschaft zurück. Neuerdings sind immer mehr am Markt, die mit ihren Produkten und Dienstleistungen gleich das gesellschaftliche Denken und Zusammenleben nachhaltig verändern. Flinkster, Airbnb, Couchsurfing und viele andere stellen dabei einen fundamentalen Treiber des Wirtschaftswachstums der vergangenen Jahrzehnte infrage: das Streben nach Besitz und Status. Macht das eigene Auto wirklich glücklich? Die meiste Zeit steht es rum und fährt Knöllchen ein. Mehr Leute fahren mit der Bahn nach München, wenn sie in dem Moment, in dem sie zum Wandern wollen, ein Auto zur Verfügung haben. Noch erstrebenswerter: als A-Klasse-Fahrer die A-Klasse eines Münchners nutzen, der sich für seinen Wochenendtrip einen VW-Bus ausleiht. Das Peer-to-Peer-Carsharing-System Car Unity von Opel ermöglicht genau das: Private Mitmacher vermieten ihr privates Fahrzeug an andere private Mitmacher. Wer Mitglied der Community ist, weiß übers Smartphone, wo welches Auto verfügbar ist. Reservieren, übernehmen, losfahren – alles läuft übers Handy, selbst die Vollkasko bei der R+V Versicherung für die Dauer der Fahrt. So kriegt der A-Klasse-Freund seine A-Klasse, und Opel kriegt pro Fahrt eine Provision. Das finden wir in Ordnung, schließlich sind die zum Geldverdienen auf der Welt (obwohl man das lange Zeit kaum glauben mochte).

Das Besondere ist doch, dass es nicht um Opel geht. Die sind bloß der Treiber. Alle Marken werden gleich behandelt. Da sind die mal ganz weit vorn, nutzenstiftend und extrem imagebildend.

Wem das zu unsicher oder zu wenig exklusiv erscheint, der geht zu Drive Now, dem Carsharing von BMW und Sixt. Die App sagt, wo grade ein BMW oder ein Mini frei ist. Die Autos gehören den Unternehmen und sind deshalb immer gut in Schuss. Man fährt nüchtern mit dem Auto zur Wiesn und abgefüllt mit der S-Bahn zurück – und hat am nächsten Tag, erholt von der Sause, den eigenen Wagen vor der Tür. Oder so ähnlich, auf jeden Fall braucht in der Großstadt niemand mehr ein eigenes Auto.

Noch shariger, klassenloser und damit gesellschaftlicher ist es beim Couchsurfing: Warum für Berlin ein Hotel buchen, wenn man bei Eingeborenen wohnen und von denen erfahren kann, wo im Wedding wirklich die Post abgeht? Der Gastgeber teilt die Wohnung mit einem Fremden, während er selbst daheim ist. Das Ziel: echte Menschen treffen. In einer Epoche der virtuellen Freunde, Likes und Posts ist das ein wahres Asset. Es geht auch ums Geldsparen, doch vor allem geht es um den sozialen Austausch. Couchsurfing holt die virtuelle Welt zurück in die reale Welt, geradezu revolutionär. Eine Studie der EBS Universität in Oestrich-Winkel zum Peer-to-Peer-Sharing zeigt, dass außerdem die Eitelkeit ein wichtiger nichtmonetärer Motivator dafür ist, das Auto und die Wohnung zu teilen: Man ist stolz auf die gute Lage und die Küche mit den hochglanzpolierten Fronten und den Acrylkanten in Edelstahloptik inkl. Kitchenaid-Maschine. Das will man zeigen! Nach „Deutschland sucht den Superstar" zeigt Deutschland jetzt die Superwohnung. Dabei spielt die Marke, hier die des möglich machenden Vermittlers, eine entscheidende Rolle. Ob eine Wohnung in Mailand top oder flop ist, lässt sich anhand der Fotos schwer sagen, und wer den Fotos im Reiseprospekt vertraut, wird vor Ort oft enttäuscht. Wenn aber Couchsurfing mit 10 Millionen Mitgliedern oder Airbnb mit 35 Millionen Gästen der Treiber ist, ist das eine markante vertrauensbildende, entscheidungsrelevante Information.

Die Küchenmaschine ist das neue Statussymbol; Auto war gestern. Wehe dem, der eine No-Name-Maschine hat. Der tut sich beim ersten Date deutlich schwerer.

Solange die Kasse stimmt, ist es denen doch wurscht, mit welcher Brennweite die Bude fotografiert ist.

Zwei verschiedene Denkfelder: Corporate Social Responsibility, also Verantwortung für das Gemeinwohl, auf der einen und Sharing Economy, also Tauschenwollen, auf der anderen Seite. Bei genauem Hinsehen gehört beides zusammen. Angebote wie Facebook, Drive Now und Mobile Shopping bestimmen und treiben unser Denken und Handeln, zu unserem eigenen wie zum Vorteil der anderen. Die Menschen sind heute ungeduldiger, fordernder, erlebnisorientierter, kritischer, sich ihrer Verantwortung für die Gemeinschaft mehr bewusst. Das betrifft die Kunden und Mitarbeiter, ebenso Anwohner und Politik. Dieselben Leute sind oberflächlicher, bequemer und smarter unterwegs. Unternehmen müssen sich auf diese veränderten Haltungen und Bedürfnisse proaktiv einstellen und dürfen nicht bloß darauf reagieren. Das Phänomen der Sharing Economy stellt die etablierte Besitzökonomie infrage. Diese Bewegung beeinflusst die Nutzung von Produkten und Leistungen genauso wie ihre Entwicklung und Vermarktung. Crowdsourcing, das Nutzen der Weisheit von vielen, und Pay-per-Use statt klassischer Finanzierung und Leasing gewinnen an Bedeutung. Der Gesellschaftsbeitrag einer starken Marke – mit beachtlichem Word-of-Mouth-Effekt – kann in der Abschaffung der besitzständischen Dienstwagenregelung zugunsten eines intelligenten Carsharing-Konzepts liegen. Dies, sofern man bei den Ersten ist, sicher gegen erhebliche Widerstände in der Belegschaft. Einmal durchgezogen, sorgt es für enorme positive Aufmerksamkeit und schont vor allem die Verkehrsinfrastruktur und die Umwelt.

Die Ersten haben es immer schwer. Verantwortliche Unternehmen haben aber die Pflicht, vorauszugehen. Die Mercks hätten es 1668 ja auch bleiben lassen können mit der Engel-Apotheke.

Kulturelle Erlebnisse werden geteilt und Innovationsprozesse für Außenstehende geöffnet. Unternehmen engagieren sich finanziell und ideell. Topmanager coachen Sportler, damit sie nach der aktiven Zeit den Übergang in die Wirtschaft leichter schaffen. Die Möglichkeiten des gesellschaftlichen Beitrags sind vielfältig. Sie haben nichts mit Geld zu tun, man muss nur wollen. Die Aktivitäten sollten dabei immer markenkonform sein, vereinbar mit der Identität und von beiderseitigem Nutzen. Der so verlockenden Aussicht auf Quick Wins sollte man dabei stets widerstehen: Marke denkt langfristig und ihr Gesellschaftsbeitrag muss genauso sein.

„WAS MACHT DIE BENCHMARKE, HERR WASILETSCHKO ?“

(BUSCH-JAEGER)

Dass sich die Menschen in Zeiten wie diesen so gern einigeln, trifft sich mit der Strategie von Busch-Jaeger: Cocooning ist angesagt – es sich daheim richtig hübsch und gemütlich machen und einfach nicht rausgehen ins Theater, Kino, Restaurant... Die Welt da draußen wird zusehends als unsicher und unwägbar empfunden, und das Zuhause ist die Schutzhülle, in der man sich geborgen, gut aufgehoben fühlt. Da investieren die Menschen zusehends in Technik, die das Leben daheim angenehmer macht und das Ambiente schafft, in dem man sich so richtig wohlfühlt. Genau dem entspricht die Strategie von Busch-Jaeger – mit Produkten, mit denen man das „intelligente Zuhause" intuitiv zentral steuert und die auch noch gut aussehen.

Für Michael Wasiletschko, Leiter Kommunikation und Produktdesign, ist dabei die Zusammenarbeit mit Premiumherstellern aus ganz anderen Branchen so naheliegend wie konsequent – sich in eine Reihe mit zum Beispiel Bang & Olufsen, Miele und Gardena zu stellen, für die der Mensch mit höheren Ansprüchen an Design, Qualität und Vernetzung seit jeher einiges übrighat. Auch durch solche Partnerschaften rückt das erklärte Ziel von Busch-Jaeger noch näher, das Zuhause nicht nur zum schönsten Ort auf der ganzen Welt zu machen, sondern auch zum komfortabelsten. „Living Space" heißt diese Vision, die Dachstrategie für die ganzheitliche und effiziente Haus- und Gebäudesteuerung. Sie wird mit jedem Bauvorhaben mehr wahr, bei dem es nicht nur um „Licht an, Licht aus" geht. Stattdessen wird mehr und mehr zentral gesteuert, vom Licht über die Jalousien und die Heizung bis zur Musik und der Bewässerung im Garten. Dabei ist Living Space schön doppeldeutig: Es steht für lebende genauso wie für erlebbare Räume. Und es steht, neben dem Schönen und Ästhetischen, für Komfort, Sicherheit, Effizienz. „Das entspricht dem Geist der Zeit", sagt Herr Wasiletschko, „der Kunde will nicht mehr nur Schalter bedienen, er will sich von intelligenter Technik auch gut bedient fühlen." Er setzt sich aufs Sofa, berührt das Icon auf dem Smartphone und bekommt die Lieblingsmusik zur Lieblings-Lichtszene – sein individuelles Wohlfühlambiente.

Es ist und bleibt Elektrotechnik, allerdings besonders intelligente. Man sollte meinen, das ist eher etwas für die, die sich im höheren Maße für „Schräubchenkunde" interessieren. Allen anderen reicht es doch, wenn das Licht auf Knopfdruck angeht und die Jalousie hoch, und wenn der Besuch an der Sprechanlage gut zu verstehen ist… Man könnte auch annehmen, Steckdosen und Schalter sind typische Commodity-Produkte, alle irgendwie gleich. Eben nicht, sagen sie bei Busch-Jaeger auf dem Hügel hoch über Lüdenscheid. Vier Abteilungsleiter sitzen zusammen, neben Herrn Wasiletschko die für Vertrieb, Forschung und Entwicklung sowie Personal, und alle sind sich einig: Es gibt da ganz entscheidende Unterschiede! Der oberste Vertriebler Dieter Lautz macht klar, dass der Preis einer Steckdose von Busch-Jaeger ganz eindeutig reflektieren muss, was sie leistet – Qualität, Sicherheit, Langlebigkeit. Dazu kommt das gute Gefühl des Bauherrn: Der Installateur veredelt die Produkte mit seiner handwerklichen Leistung; er baut sie pünktlich und sauber ein und macht den Aftersales-Service. Auch er vertraut dem Markenprodukt und ist auf dieser Basis überzeugter Partner des Kunden, gerade wenn es um künftige Erweiterungen und Innovationen geht. All das steht bei Eigen- und Handelsmarken in den Sternen.

Wohnbaugesellschaften kalkulieren ganz genau und nehmen am liebsten den Marktführer, und der heißt Busch-Jaeger. Michael Wasiletschko: „Gerade weil sie so genau rechnen, nehmen sie uns. Es ist nämlich nicht damit getan, die Steckdose anzuschaffen; sie muss noch problemlos verbaut werden und dann möglichst lange halten." Das Vorschussvertrauen in die Qualität spielt eine große Rolle, die Sicherheit und die heute so wichtige geistige Entlastung: „Wenn wir die nehmen, sind wir alle Sorgen los." Dafür steht besonders auch die Investitionssicherheit – die Sortimente bleiben dieselben, mit der langjährigen Nachkaufgarantie, wie beim Markenporzellan.

Busch-Jaeger sind die mit der patentierten Objektsteckdose. Sie gibt den Stecker locker frei, wenn das Staubsaugerkabel nicht bis zum Ende des Flurs reicht und Zugspannung entsteht. Das passiert in Büros öfter und ist schnell lebensgefährlich, falls die Dose aus der Wand reißt. Für zu Hause steht im Vordergrund, wie ältere Leute den Stecker aus der Dose bekommen. Die Servicesteckdose löst ihn mit dem eingebauten Auswurfmechanismus. So einfach – wenn man draufkommt. Allein über diese Produktkategorie können sich die Herren weidlich unterhalten, bis nach Feierabend. Im Konferenzraum mit dem Blick ins Grüne, um sie herum die Schaubilder mit den Meetingregeln und den vorbildhaften Eigenschaften einer Führungskraft bei Busch-Jaeger, dem idealtypischen Problemlösungsprozess und der „Werttreiberuhr". Das alles unter dem Motto GFK – Geschwindigkeit, Freiraum, Kreativität. Sie kommen schnell zu sprechen auf die USB-Steckdose mit dem Extraschlitz, an der man gleich das Smartphone lädt. Eine hauseigene Innovation, damit sind sie Erster am Markt, gut 40 Euro brutto das Stück. Ist etwas derart Naheliegendes wie Praktisches seinen Preis wert?

Das ist ganz unbedingt so, sagt der oberste Entwickler Christian Heite. Innovationen wie diese zahlen sich für alle aus und bewahren den Vorsprung. Aber was gehört noch alles dazu, dass man in Deutschland, Österreich und den Niederlanden die Nummer 1 bleibt? Vor allem, dass man die Markenwerte lebt. Im Markensteuerrad stehen viele Eigenschaften, die die Persönlichkeit von Busch-Jaeger auszeichnen; Attribute wie „Langlebigkeit der Produkte", „Zukunftssichere Technologie" und „Zielgruppengerechtes, zeitloses Design". Je mehr es davon gibt, desto mehr kommt es darauf an, dass sie erlebbar sind. Auch das sichert den Vorsprung. Die Entwicklungsteams, interdisziplinär und international aufgestellt, arbeiten in einem eigens dafür geschaffenen kreativen Umfeld. Es heißt wie das, was es gibt: Freiraum. Ergebnisse sind Produkte wie das Busch-Comfort Panel, bei dem der Mensch die Technik im Griff hat (und nicht umgekehrt) und sie intuitiv nutzt. Damit steuert man wie beim Smartphone, inklusive Wischeffekt, das ganze Haus. Das funktioniert vor Ort und von überall auf der Welt – Leuchten schalten, Jalousien bewegen, Räume temperieren.

90 % der Elektronikprodukte sind nicht älter als drei Jahre, was ihren Entwicklungsstatus angeht. „Das heißt, es wird immer weiter innoviert", sagt Herr Wasiletschko, „immer wieder neu entwickelt von Platz 1 aus für Platz 1." Er legt großen Wert darauf, dass auch die Mitarbeiter in der Fertigung wissen und spüren, wofür sie antreten: für zukunftsweisende Produkte, die neueste Techniken dort nutzbar machen, wo der zeitgenössisch denkende und handelnde Mensch gern lebt und sich wohlfühlt. Dieses Denken und Fühlen ist wichtig in Entwicklung, Produktion, Vertrieb und Marketing, aber nicht nur dort. Henkel & Berndt spüren es auch bei Frau Klein, die im Kasino den Senfkrustenbraten mit Bohnen und Kroketten auf eine Art kredenzt, dass man sich bei ihr geborgen fühlt und gern ein bisschen länger sitzen bleibt. „Sie ist stolz darauf, bei uns zu arbeiten. Sie lebt es und man lebt es

ihr vor. Beim Teamspirit sind wir hervorragend unterwegs." Damit das so ist, gibt es seit 2005 das Agentenprinzip: Die „BJ-Agents", ausgebildet in Zusammenarbeit mit der Universität St. Gallen, gehen voran als Marken- und Innovationsbotschafter und sorgen bei regelmäßigen Anlässen dafür, dass alle Kollegen Busch-Jaeger so atmen und leben wie sie selbst. Das tun sie spielerisch, mit besonderem Augenmerk auf der Kraft des Storytelling rund um den Marktführer. So wird seine DNA und das, was ihn zwischen den Zahlen ausmacht, besonders gut verinnerlicht.

Es führt auch dazu, dass 500 der etwa 1.000 Mitarbeiter am Lüdenscheider Volkslauf teilnehmen und dafür sorgen, dass er im Grunde der Busch-Jaeger-Lauf ist. Die grünen Hügel sind dann blau, alle laufen einheitlich in Firmenfarbe; dass der Außendienstmitarbeiter tief im Süden der Republik die Bayern-München-Flagge im Garten hisst und gleich daneben die von Busch-Jaeger. Fragt man ihn, weshalb, meint er ganz verwundert, dass die blaue halt so klasse ist; und dass, sagt der oberste Personaler Karsten Adenauer, viele Mitarbeiter zuallererst in die Steckdosen schauen, wenn sie irgendwo zum ersten Mal sind. Schließlich steht da drin, von wem sie sind ...

In manchem Jahr stellen sie dreistellig ein in Lüdenscheid – neue Markenbotschafter, Busch-Jaeger-Läufer, Steckdosennachschauer. Die Konjunktur spielt dabei eine Rolle, vor allem auch der Nachholbedarf bei intelligenter Gebäudetechnik; und die Art, wie Busch-Jaeger ihn befriedigt, hin zum vierstufigen Vertrieb: „Die Warenlieferung ist dreistufig, von uns zum Elektrogroßhandel und von dort zum Elektroinstallateur, und die vierte Stufe ist inzwischen der Endkunde." Den gilt es zu gewinnen, sagt Herr Wasiletschko, und damit ganz gezielt den Pull-Effekt zu erzeugen. Die Benchmarke hört genau hin und gut zu, und sie überlegt sich ganz genau, wer die neuen Kunden der neuen Produkte rund um Living Space sind – Frauen. Nur konsequent, dass er da mit

Deutschlands führender Frauenzeitschrift Brigitte kooperiert. Elektroinstallationstechnik ist nicht länger Männersache. Frauen sind die Entscheider beim heißen Thema vernetztes Wohnen, und die werden für die Marke schlechthin auf diesem Gebiet begeistert. So kommt es zur Modenschau mit Brigitte-Models auf der Konsumentenmesse IFA und auf der Light+Building, der Leitmesse der Branche. Bei Busch-Jaeger versteht die Chefdesignerin Dörte Thinius, was Frauen wünschen – insbesondere in der Kombination von intelligenter Technik, intuitiver Bedienung und ausgezeichnetem Design.

An der neuen Zielgruppe mit der häuslichen Entscheidungsgewalt und dem schlagkräftigen Budget, den „Female Forces", sind sie ganz nah dran; mit Zehntausenden Fans in den Social Media, der emotionalen Ansprache und der Konsequenz bei Nutzerführung und Produktdesign. Über allem schwebt der immer eindeutig nachvollziehbare Nutzen jeder Lösung: „Frauen wollen Geräte intuitiv bedienen und dadurch Erleichterung im Alltag erfahren, jedoch nicht von Geräten geführt werden. Das nehmen wir sehr ernst." Busch-Jaeger tut es auch bei den anstehenden Entwicklungen, die sich um Wearables, Biofeedback und Spracherkennungs-Apps drehen. Bei allem, sagt Herr Wasiletschko, „müssen wir nicht immer die Ersten sein, aber die Lösung, die wir bieten, muss die beste sein". Dafür sind sie Benchmarke.

DIE BENCHMARKE ...

HANDELT UM DIE ECKE

- Wer die Welt konsequent durch die Augen seiner Kunden sieht, merkt sofort, wenn der eingeschlagene Weg nicht zu den Erwartungen da draußen passt.
- Querzudenken ist das eine, so zu handeln das andere. Rollkragenpullover und Apple-Rechner allein zeichnen den Andersmacher nicht aus.
- Spielerisches Lernen löst verkrustete Strukturen: Wer spielt, vergisst Alltag und Hierarchie. Das macht offen für Veränderung und fördert das Denken in Lösungen.

Wer aufhört zu spielen, kann aufhören zu atmen. Beispielhafte Unternehmen sehen ihre Welt und die um sie herum immer wieder aufs Neue ganz bewusst mit Kinderaugen. Es gibt welche, die holen sich dafür gut bezahlte Motivatoren ins Haus, und die bringen zum Meeting Sitzsäcke, Stofftiere und Musikkassetten (jawohl, Kassetten) mit. Ein reguläres Meeting ist das eher nicht. Die schwitzenden Käsebrötchen bleiben weg, die Tische werden zur Seite geräumt, und eine Zeit lang muss jeder tun, was er will. Zwei Regeln: 1. Keiner verlässt den Raum. 2. Keiner tut nichts. Es kann passieren, dass der Innovation-Manager der Teamleiterin R&D die dicke Plüschschildkröte um die Ohren haut oder dass die Teamleiterin R&D dem Sales Representative EMEA hilft, das Springseil flottzumachen. Anschließend helfen beide dem Innovation-Manager beim Hüpfen ohne Sack. Und alsbald wird endlich wieder ernsthaft gelacht in der Company. Solche wertvollen Spinnstunden sind ordentlich ver-rückt. Da werden die Energien frei, die man so lange bei sich selbst und vor allem bei den anderen vermisst hat.

Nicht zu vergessen: Wir bauen unsere Strategie mit Lego. Funktioniert in Europa perfekt. In China eher nicht, dafür weiß man vorher zu wenig, was zum Schluss rauskommt …

Allein das Bild im Kopf reicht aus, um bei mir einen Fremdschämimpuls auszulösen.

In Israel, wo die vielen guten Ideen und die großen Patente herkommen, hat die Elite der Hightech-Branche jedes Jahr ihr Klassentreffen. Es nennt sich Kinnernet, und 250 Manager, Hacker, Professoren, Studenten und Gründer veranstalten einen Mix aus Kunst und Quatsch. Was dabei rauskommt, zeigt immer wieder eindrucksvoll, warum junge Unternehmen in Israel so erfolgreich sind; nur in den USA ist die Quote bei Neugründungen in der Informationstechnik höher. Bei Kinnernet begeistern sich alle gegenseitig. Der eine trägt was vor, der andere zeigt seine Erfindung, der dritte hat das Geld. Vor allem macht es ganz viel Spaß, und die Augen sind so groß, wie man sie sonst bei Kindern sieht. Je älter der Mensch, desto mehr lässt von Haus aus die Begeisterungsfähigkeit nach – und desto mehr muss von Zeit zu Zeit etwas passieren, das den Rest an Reizbarkeit neu anstachelt und pulsieren lässt. Das ist so wichtig, wenn man was unternehmen

Clever. Die Forschung zeigt, dass Menschen in Spielsituationen entscheidungsfreudiger sind. Das Mit- und Gegeneinander steckt in jedem von uns und kennt keine Altersbarrieren.

will. Sonst lebt man nicht mehr und wird nur noch gelebt, und das ist der Anfang vom Ende großer Marken. Für solche Reize ist der größte Quatsch gerade groß genug. Man weiß einfach aus Erfahrung, dass im allergrößten Unfug der Funke für das nächste Großartige steckt. Den Landstrich, wo all das stattfindet, nennt man Silicon Wadi, und Tel Aviv ist nach dem Silicon Valley weltweit der zweitbeste Standort für junge Internetunternehmen. Auch die ganz Großen kommen hierher. Hier spielt man die Kreativität aus, die gemeinhin in die Meetingräume gezerrt und von den ganzen Bedenkenträgern kollektiv erschlagen wird. Viel von dem, was daraus wird, gibt es bald zu kaufen. Es macht das Unternehmen stärker und sichert seinen Vorsprung. Ganz egal, ob die dicke Stoffschildkröte oder das bunte Springseil ausschlaggebend dafür ist. Wichtig ist beim Spinnen, dass der, der den lächerlichsten Beitrag leistet, die Krone aufbekommt. Es ist nämlich sehr wahrscheinlich, dass genau ihn, wenn er sich wieder eingekriegt hat, der Geistesblitz trifft.

Wichtige Treiber substanzieller Kreativität sind Spontaneität und Zeitdruck. Beim Spielen gibt es beides in hohem Maße.

Die üblichen „Querdenker" denken alles, nur nicht quer. Sie sagen sich: Wenn wir nicht jedes Jahr einen Querdenker-Kongress besuchen, ein Querdenker-Seminar absolvieren und einen (bezahlten!) Querdenker-Award für die Konferenzraumvitrine abräumen, sind wir nicht nur out, sondern klinisch tot, und es ist nur eine Frage der Zeit, bis uns der Sturm der Innovationsevolution von der Unternehmenslandkarte hinwegfegt. Sie nehmen Richard Bransons Autobiografie „Business ist wie Rock 'n' Roll" mit nach Bad Pyrmont zum Vitalfasten in der Buchinger-Klinik, und wenn sie entschlackt und verschlankt zurückkehren ins Büro, finden sie, dass ihr Business auch wie Rock 'n' Roll ist. Sie berufen als Erstes ein paar Meetings ein und bestellen einen Querdenker-Trainer, der die ganzen abgestumpften Führungskräfte abholen soll in ihrem Führungsquark und fit machen für das Enterprise der Zukunft. Das wirkt wie die Windhose – zieht auf, bläst, zieht wieder ab, und nichts ist gewesen, bis auf die paar vom

Du bist ja neidisch. Das Geschäftsmodell, Geld dafür zu nehmen, dass sich jemand „Querdenker" nennen darf, hättest du selbst gern etabliert. Und: Zum Zirkel der Top-100-Speaker zu gehören, kostet ja auch.

Baum gerupften Blätter. Die Leute delektieren sich an Steve-Jobs-und-so-Geschichten, an Nicola Leibinger-Kammüller von Trumpf, Götz Werner von dm und Claus Hipp von Hipp, von dem nun wirklich jeder weiß, dass er vor Tau und Tag die Wallfahrtskirche in Herrnrast im schönen Ilmtal aufsperrt, noch bevor die wallenden Bodennebel sich lichten und die ausgewählten Früchte und das zarte Gemüse wieder den Weg in die kleinen Gläschen finden, für deren Qualität er mit dem Besten bürgt, das er zu bieten hat. Bücklinge bis zum Boden vor all diesen Leistungen – doch es geht um etwas anderes, um mehr als ewiges Rezitieren und Zeigen auf die anderen: Was macht der gemeine Unternehmer aus all dem Vorbildhaften? Klatschen ist zu wenig, kopieren ist sinnlos, adaptieren ist am besten, ins Gegenteil verkehren am allerbesten. Aber das macht Mühe und es braucht Konsequenz und festen Willen, und beides bringt man nur auf, wenn man aus geplantem Querhandeln ein Projekt macht: das ganz eigene kleine Kinnernet für jeden Tag, mindestens für jede Woche.

> *Das wollen all die, die den ersten Tag zurück aus dem Silicon Valley im schwarzen Rollkragenpulli im Büro aufkreuzen. Veränderung erfordert langfristiges Neudenken. Und der Kontrast zwischen Alt und Neu darf nicht so groß sein, dass die Identifikation verloren geht.*

Querdenken ist nur toll, wenn man das Wort auf die Liste der Wörter nimmt, für deren Gebrauch im Montagsmeeting man fünf Euro ins fette Bullshit-Bingo-Schwein werfen muss: „Da müssen wir halt mal wieder …" Genau, oder wir lassen es bleiben. Querhandeln, wie wir es nennen, finden wir dagegen gut. Querhandeln ist eine Haltung und kein Kongress und kein Seminar, von dem man upgecheert zurückkommt in den Gulag hinterm Werkstor, und am übernächsten Alltag ist alles so blöd wie immer. Die Fähigkeit zum Querhandeln sollte – genauso wie markenadäquates Verhalten – zentraler Gegenstand der Personalgespräche sein: Wer Dinge nachvollziehbar und mehrwertig für alle Beteiligten anders macht, empfiehlt sich für Höheres. Und wer bloß heiße Luft umwälzt, geht zurück auf Los. Lieber kleines Zelt und großer Zirkus als umgekehrt. Erdinger hat das geschafft: Das alkoholfreie Weizenbier ist gar kein Bier, sondern „der sportliche Durstlöscher", derartig mutig wie konsequent als isotonischer

> *Das funktioniert nur, wenn man eine Fehlerkultur etabliert. Wer Neues ausprobiert, macht automatisch Fehler. Das ist gut so, man sollte nur nicht denselben zweimal machen. Ikea agiert hier vorbildlich.*

Fitnessdrink positioniert, dass die da in Erding vor Lachen nicht ins Bett finden. „Sportler wissen es längst: Ein kühles Erdinger Alkoholfrei schmeckt nicht nur hervorragend, sondern es ist aufgrund der enthaltenen Vitamine und Polyphenole auch gesund." Wussten wir gar nicht. Die Website spricht weiter von den isotonischen Eigenschaften, die den Durst schneller löschen, von den natürlichen Zutaten und dem kalorienreduzierten „echten Fitmacher" und davon, dass das Bierchen so „herrlich vollmundig und erfrischend" die abwechslungsreiche und ausgewogene Ernährung unterstützt. Das Verrückte: Es funktioniert! Die Buttons auf der Website heißen „Aktiv-Tour", „Biathlon" und „Triathlon", und beim Hamburg-Triathlon „wartete der isotonische Durstlöscher als erfrischende Belohnung auf alle Athleten und bescherte ihnen damit ein unvergessliches Finish, das lange in Erinnerung bleiben wird". So selbstbewusst darf man bei der Idee und dieser Konsequenz formulieren. Und die Clausthalers dieser Welt stecken fest im Querdenker-Workshop. Da müssen sie jetzt nachsitzen.

Abgewogenes Querhandeln führt zu weniger verquerem Unsinn. Der kommt beim Anderssein um des Andersseins willen raus. Abgewogenes Querhandeln richtet sich nicht nach kurzlebigen Trends, die morgen schon von gestern sind. Und man bleibt wachsam und reflektiert. Vor destruktivem Quatsch mit Soße bewahrt der Uni-Abschluss in St. Gallen nicht automatisch, aber ganz sicher tut es das, was den ausgelebten gesunden Menschenverstand auszeichnet. Dann passiert nicht, was Henkel in der Ukraine passierte: Im russischen TV-Spot für den WC-Bedufter Bref Duo Stick sind die Essenzen, logisch, gelb und blau, das steht für Zitrone und reines Wasser. So aktivieren die Antiseptik-Spezialisten das Reinlichkeitszentrum nicht nur im russischen Gehirn. Als der Spot in der Ukraine läuft, aktivierten die Henkels ein ganz anderes Zentrum im ukrainischen Gehirn – das für verletzten Nationalstolz. Gelb und Blau sind dort die Farben der Nationalflagge, die stehen für das reife Kornfeld und den Himmel darüber, und das alles soll man zur Primetime das Klo runterspülen. Vorher gut nachdenken ist gut.

Wie stehen eigentlich die Schweden zu diesem Produkt?

Dann passiert auch nicht, was dem Limo-Start-up Phantasia aus Füssen passiert: Die alerten Jungs aus dem Allgäu schreiben fleißig Bars an, ob sie die Waldmeister-Limo testen und ein kostenfreies Kartönchen haben wollen. Das finden die Leute von der Boots Westernbar in Stuttgart toll, aber statt der Büchsen bekommen sie eine Mail vom Phantasia-Chef: „Nach kurzer Recherche bin ich darauf gestoßen, dass die Boots Westernbar eine Schwulenbar ist, kann das sein? In dem Fall wäre es für uns nicht sehr sinnvoll, dort erhältlich zu sein, da wir eben ganz neu auf dem Markt sind und dabei sind, eine Marke aufzubauen." Also Homos und die neue grüne Limo – lieber nicht. Der Mann schreibt, vielleicht high von seinem Zeug, dass die nicht zur Zielgruppe gehören. Markenaufbau, meint er, ist „ein ganz heikles Thema", und dass man ganz schnell nur noch zuschauen kann, wie man „in eine Schiene rutscht und damit verbunden wird".

Das zu kommentieren, fehlt mir die Phantasia.

Wahre Querhandelnde, denen so etwas passiert, fallen nicht dadurch negativ auf, sondern vielmehr positiv damit, wie sie auf den Shitstorm reagieren. Bei Henkel ist die Reaktion ein bisschen dünn: Gelb steht nun mal für Zitrone und ... Ja, genau, und im Himmel ist Benchmarken-Jahrmarkt der Eitelkeiten. Die Henkels nehmen den Spot vom Sender. Formal das Mindeste und okay. Benchmarken reagieren aber nicht nur mit dem Nötigsten, sondern agieren mit dem Möglichsten und drehen den Fauxpas um und nehmen ihn zur Steilvorlage für etwas unvergesslich Großes: Warum nicht einen Spot machen, in dem man sich und seine ganze Fehlbarkeit augenzwinkernd auf die Schippe nimmt und in die Herzen eines jeden reinlichkeitsbewussten Ukrainers spült, ja förmlich einbrennt? Bei Phantasia ist die Reaktion noch dünner. Nachdem die Marken-Landeier von der so hippen wie zahlungskräftigen Gay Community derart am Nasenring

Weil Henkel für „Excellence is our Passion" steht, für absolute Kundenorientierung und das Fundament eines erfolgreichen Familienunternehmens. Dazu passen Provokation und Slapstick eben nicht.

durch die Markenmanege gezerrt wurden, dass sie nicht mehr wissen, ob sie Männchen oder Weibchen sind, schreiben sie online was von Einsicht und ein paar Extralitern Waldmeister für die Kundschaft vom Boots. Darauf kommen noch mal mehr als 500 wüste Kommentare. Es folgen zwei weitere Online-Friedensangebote, bis sich die Crowd entspannt. Jetzt heißt die Brause „Mr. Meister" (hä?) und versucht's von vorn. Haben sie recht: Wenn das Markenpferd totgeritten ist – umsatteln.

Meister Proper? Jetzt als Limo? Bestimmt nur mit Geschmacksrichtung Zitrone.

Stihl macht es besser. Die wissen in puncto Marke immer ganz genau, wo es warm rauskommt. In Waiblingen erfinden sie sich regelmäßig neu, und zwar so, dass die Menschheit immer noch ein bisschen mehr von Stihl will. Früher gab es nur die geile Motorsäge und das eine oder andere unter „ferner liefen". Heute gibt es die geile Motorsäge und, nun ja, den Laubbläser. Der Markenfan mit der Reihenhausmentalität ist ganz scharf auf sein bestes Garten-Stück. Aber nur die eine Stunde, die er es über den Waschbeton spazieren führt. All die andere Zeit bevorzugt er die stille Samstagsnachmittagsidylle auf La Terrazza und beißt in die groß karierte Aluliegenauflage, wenn reihum der eine wie der andere ferne Nachbar das Blasgerät BG 56 mit Runddüse, 2-Mix-Benzinmotor und Stopptaster bedient. Stihl erreicht mit den Dingern drei Ziele auf einmal: 1. benchmarkenstarke Kompetenzaufweitung vom Sägen aufs Blasen; 2. Wecken extremer Begehrlichkeit durch, nun ja, das Ding kommt daher wie ein ordentlicher Phallus, und damit macht jeder Bläser eine gute Figur; 3. die Schaffung eines ganz neuen Marktes – Besen und Schaufel sind für Weicheier und von vorgestern. Ein Kult wird begründet und ganz nebenbei ist die phonetische Vorhölle plastik- und metallgeworden. In der öffentlichen Meinung sind die Leute von Stihl vorbildhafte Quermacher; sie gehen nicht auf den Markt, sie machen den Markt. Und es kommt nicht an, dass sie die akustische wie die olfaktorische Umweltverschmutzung befördern. Außer

Ich persönlich schwöre nach wie vor auf den Gardena-3621-20 cs-Straßenbesen. Der macht keinen Krach, stinkt nicht und stählt die Muskeln. Dann klappt's auch mit der Nachbarin.

bei den zu vernachlässigenden Rebellentruppen „Laubbläser verbieten" und „Laubbläser abschalten" auf Facebook.

Wenn es so einfach ist, warum gibt es so wenig wirklich Andersgemachtes? Es geht das Gerücht, dass es irgendwo auf der Welt ein Hotel gibt, bei dem man eincheckt und zum Preis für eine Nacht 24 Stunden bleiben darf. Wenn es nachts um drei ist, sind es halt zwei halbe Nächte. Wie toll ist das denn? Man braucht vielleicht die Nachtschicht einer Etagendame mehr, doch den kleinen personellen und logistischen Mehraufwand macht die gelungene PR mehr als wett. So kommt ein Hotel aus der Preisspirale raus, wo es bei größeren Kontingenten mittlerweile um 10 Cent die Nacht geht, um die gefeilscht wird wie bei Aldi. Selbst Motel One macht es nicht, dabei sind die für gewöhnlich so innovativ. Wenn es wirklich bisher nur ein Gerücht ist, können die wieder beim Machen die Ersten sein. Mit dem Bezahlen schon beim Einchecken sind sie es ja auch. Weiteren Stoff fürs Andersmachen, für den nächsten Talk of the Town unter kosmopoliten Travelistas, gibt es reichlich. Man muss nur genau hinhören und -schauen: Das Banks Boutique Hotel in Antwerpen ist mit Pimkie unterwegs. (Okay, der Brand-fit ist nicht so dolle, Pimkie ist eher was für Ibis Quick.) In jedem Zimmer der Herberge gibt es eine Mini-Fashion-Bar im Kleiderschrank – Regenjacke, angesagte Accessoires zum Ausgehen und bequeme Schuhe. Je nach Saison und Veranstaltung in der Stadt wechselt die Kollektion, alle Teile finden die Gäste auf der Menükarte. Wem die Jacke zu groß ist, die Schuhe zu klein sind, bekommt die passende Größe aufs Zimmer. Bezahlt werden die Klamotten und Accessoires beim Auschecken. Und die Preise sind wie im Pimkie-Store in der Stadt.

Manchmal ist es beängstigend, zu erfahren, wo du dich überall rumtreibst, Herr Berndt!

Weshalb muss man im Hotel eigentlich immer bei der Ankunft, egal wie spät und obwohl man nur ins Bett oder noch kurz zu den Nüsschen an die Pilsbar will, diesen schlecht gedruckten Zettel mit den ganzen vehement eingeforderten privaten Angaben ausfüllen? Wenn es schon sein muss, wieso übernimmt das nicht die Kraft hinterm Tresen? Und warum zum Henkel kann das nicht bis zum nächsten Morgen warten, zumindest wenn bei Ankunft schon Bettzeit ist? Stattdessen gibt es Hotels, da kommt man nassgeschwitzt oder nassgeregnet oder sonst wie fix und fertig mit letzter Kraft an die Rezeption gerobbt, links der schwere Rimowa, rechts der schwere Samsonite, links das iPhone zwischen Schulter und Backe, rechts das Blackberry, und der Night Manager on duty bringt es fertig, nicht nur zu fragen, ob die werte Anreise gut oder sehr gut war, sondern sich darüber hinaus zu erkundigen: „Wollen Sie einen Apfel?“ Er muss das fragen, es steht im Gästebegrüßungsmanual, und man hat es ihm im Seminar „markenadäquate Arbeit am Gast“ beigebracht. Von situationsbezogenem Querhandeln, um dem Gast ein wirklich unvergessliches Check-in-Erlebnis zu bescheren, das er immer wieder gern erzählt, ist er weit entfernt. Das könnte so ausgehen, dass er dem nassen Gast statt des Apfels ein Handtuch zukommen lässt, und, während der sich trocken rubbelt, die Hassfragen Nummer 1 bis 3 nach der Privatadresse, dem Geburtsort und der beruflich oder privat veranlassten Übernachtung abarbeitet und den schlecht gedruckten Zettel selbst ausfüllt. Aber das darf er nicht, vom Headquarter in Ohio ist es nicht vorgesehen, Prozess ist Prozess. Wie schade, dann bleibt das Hotel das Hotel, das seinen Preis deshalb wert ist, weil man es günstig von der Resterampe im Internet geschossen hat. So wird dann auch drüber gesprochen, und das Empfehlungsmarketing ist Nichtempfehlungsmarketing.

Noch schlimmer: Es wird nicht honoriert. Den Manager interessiert am nächsten Morgen nur, ob der Gast möglichst kostengünstig untergebracht ist. Ob mit Apfel oder ohne Handtuch, ist egal. Der Fisch stinkt in der Tat vom Kopf.

Unterstellen wir mal, der Night Manager weiß, was er tun soll. Und er will dem Gast einen schönen Aufenthalt bereiten. Aber er kann nicht, und das liegt nicht an ihm. Es hat ihm einfach niemand gesagt, dass es in seinem Job ganz besonders wichtig ist, die Regeln nicht starr zu befolgen, sondern sie flexibel und situativ auszulegen und anzuwenden. Und dass er das nicht nur darf, sondern es von ihm erwartet wird. Beim markenadäquaten

Man muss es ihm explizit erlauben. Wer sich konsequent an Regeln hält, tut das oft aus Angst. Erste Hilfe will keiner mehr leisten, weil man eher eine Strafe für falsche Wiederbelebung als fürs Wegschauen fürchten muss.

Verhalten geht es um Wissen, Wollen und Können. Erst wenn alle Komponenten zusammenspielen, wird das Erlebnis für den Gast unvergesslich, und zwar im positiven Sinne. Das ist nicht leicht hinzukriegen, aber es ist auch nicht zu schwer – man muss nur wollen, da ganz oben, und die Kollegen wertschätzend befähigen zum selbst verantworteten Markenbotschafterdasein. Das wird oft vergessen, für nicht notwendig oder für zu mühsam befunden. Stilles queres Handeln ist nicht spektakulär. Dafür kriegt man keine Smalltalk-Punkte und gewinnt keine gekauften Awards. Aber es funktioniert, und erst einmal sensibilisiert für so etwas, bemerkt man mit der Zeit, dass Andershandeln kein Hexenwerk ist. Sonst hätte Franz Kaldewei sen. 1958 die nahtlos gezogene Stahlbadewanne gar nicht erst erfunden. Sie verdrängte die Gussbadewanne und steht heute maßgeblich für gut 200 Millionen Euro Umsatz im Jahr.

Gut ist, Bedürfnisse zu befriedigen. Besser ist, neue zu schaffen.

Die Benchmarke, die was auf sich hält, geht mit der Zeit und macht das Leben leichter. Sie verändert Gewohnheiten, das gesellschaftliche Miteinander. Warum muss etwas so sein und so bleiben, nur weil es schon immer so war? Das zu behebende Problem, das sich ein Start-up zur Aufgabe macht, ist die einfache Zustellung von Paketen, deren Empfänger sowieso nie zu Hause sind und wo die verrenteten Nachbarn, zusehends verschnupft von den ganzen angenommenen Sendungen für die halbe Mietskaserne, die Klingel abstellen. Dann gibt es den gelben Zettel im Kasten und Schlimmes droht – auf geht's, nicht vor dem übernächsten Werktag, ins Postverteilzentrum in der Vorstadt, und das alles wegen der zwei Maßhemden zum Preis von einem. Hier kommt Cardrops ins Spiel: Die machen das Auto zum Postkasten, was für eine einfache, naheliegende Idee. Sie liefern das Paket dorthin, wo der Wagen parkt. Im Kofferraum ist ein GPS-Gerät installiert. Der Bote öffnet das Car mit dem Code und droppt das Paket, der Empfänger kriegt die Bestätigung per SMS. Eine prima Idee, worth to try. Cardrops wird sich allerdings nicht durchsetzen, sagen

Henkel & Berndt. Dafür ist my car zu sehr my castle, steht das Auto zu oft in verschlossenen Garagen oder irgendwo am Brenner im Stau oder bauen große Unternehmen doch lieber eigene Packstationen für ihre Mitarbeiter in die Lobby. Aber Cardrops macht richtig schön quer.

Den Markt machen, neue Trends und Gewohnheiten schaffen wollen alle. Wenige raffen sich wirklich dazu auf. Und von denen, die es tun, schaffen es sogar einige, und die heißen nicht nur Gopro, Uber und Opentable. Viele schaffen es im Stillen, und wir wissen gar nicht mehr, wie es vorher war. Poland Spring ist so eine Marke. Nestlé biegt den New Yorkern bei, dass man nur mit Wasser aus dem Haus geht. Auf einmal verstehen die Jugendlichen, und es ist ihnen komplett unverständlich, wie sie ohne ihre Flasche Wasser in die Schule kommen sollen. Um den Trend weiter zu befeuern, erzählen die Leute von Nestlé rum, dass man acht Gläser Wasser am Tag trinken muss, und sie sponsern den New-York-Marathon. Die gesundheitsbewussten Manhattanites sagen sich, was gut für Extremsportler ist, ist auch gut für mich. Heut sieht man die New Yorker überall trinken, meist ist es Wasser aus Plastikflaschen, und ganz oft ist es von Poland Spring – ordinäres gefiltertes Grundwasser aus Maine (immerhin nicht den ganzen Weg aus Polen rübergekommen). Die Leute von Nestlé schaffen es, einen ganz neuen Habitus zu ritualisieren. Nicht schön, aber schön lukrativ. Und es führt mit dazu, dass alles „to go" ist und allein in München jeden Tag 150.000 Einweg-Kaffeebecher entsorgt werden. Bald handelt hier die Stadtverwaltung quer und verlangt eine Steuer auf die Pappbecher.

DIE BENCHMARKE …

NIMMT SICH DIE ZEIT

- Unternehmen, die stark bleiben wollen, sehen die Veränderung als Konstante. Sie gleisen sie mit Nachdruck auf, erläutern sie umfassend und halten sie konsequent nach.
- Nur reagieren reicht nicht. Proaktives Handeln mit Bedacht nimmt Entwicklungen und Wandel wahr und sorgt für richtungsweisende Entscheidungen.
- Wer mit Muße und Konsequenz unterwegs ist, versteht es am besten, neue und bestehende Kunden gleichermaßen mitzunehmen.

Gutes braucht Weile, und wenn es um die gute Markenstärke als Lebensversicherung des Unternehmens geht, braucht die Weile nicht Monate, sondern Jahre. Marken, bei denen erst nach der kraftvollen Positionierung mit einer ausgeprägten, unverwechselbaren Markenidentität die tatsächlich kraftvolle, differenzierende, verkaufende Werbung kommt, haben den mit Abstand größten Wertzuwachs. Aber nur, wenn die Markenmacher langfristig denken und handeln und wenn alles, was sie tun (und was sie ganz bewusst nicht tun), auf die gelebte und erlebbare Marke einzahlt. Die Wertsteigerung beträgt bei derartig eingestuften Unternehmen über einen Zeitraum von zehn Jahren im Mittel 168 %. Natürlich gibt es auch beim Branding immer viele Zahlen, Annahmen und Ergebnisse, und natürlich wird das alles von nichts Geringerem als der „Brand Value Growth Matrix" auf den Punkt gebracht, einer Analyse, die das weltweit tätige WPP-Agenturnetzwerk regelmäßig anfertigt. Sie hat den Anspruch, nachzuweisen, dass starkes Branding der ausschlaggebende Faktor für die Wertsteigerung von Unternehmen ist. Henkel & Berndt sagen, dass hier deutlich wird, was die klar, engagiert und langfristig geführte Marke kann: Sie macht einen großen Teil des Wertes eines Unternehmens aus, manchmal einen größeren als die ganzen dinglichen Assets zusammen. Bei Coca-Cola beträgt die Marktkapitalisierung etwa 120 Milliarden US-Dollar. Man geht davon aus, dass sie ohne den Wert der Marke nur bei etwa 50 Milliarden US-Dollar liegt. Es ist dieses eine Etwas, der testierte Markenwert, wofür immer mehr Banken Kredit geben. Werthaltiger geht es nicht.

Um das zu erreichen, ist Werbung allein unzureichend und ineffizient. Erfolgreiche Werbung muss vielmehr auf einer klaren, kreativen Markendefinition aufbauen und von einer konsequenten Markenstrategie untermauert sein. Der Wertzuwachs ist am stärksten, wenn Branding und Werbung erfolgreich zusammenspielen. Erfolgsmarken, die hier vorangehen, kennen wir

Das betrifft vor allem Print, Kino und TV. Je mehr Leute den Tatort aus der ARD-Mediathek ziehen, weil sie zur Primetime noch die Bruzzzler auf dem Weber-Grill haben, desto weiter schaut Krombacher mit dem Ofenrohr ins Gebirge.

schon aus der Kindheit. Sie versprechen vertraute Werte und kontinuierliche Qualität. Jacobs ist so ein Kandidat und eine Benchmarke, was Werte und Qualitätsversprechen angeht: Der Name steht für Kaffeegenuss, seit über 100 Jahren, und heute ist die Krönung mit dem Verwöhnaroma im deutschen Einzelhandel die umsatzstärkste Kaffeemarke. Bedenkt man, dass es sich bei Jacobs um nichts anderes als Bohnen unterschiedlichster Provenienz vom Kaffee-Spotmarkt handelt, denen die Herrschaften beim Kaffeegiganten Jacobs Douwe Egberts, wo die Krönung untergekommen ist, mit der Marke und der Werbung ein unverwechselbares Gesicht geben, haben sie es damit ganz schön weit gebracht. Jacobs geht immer mit der Zeit und nutzt den Abstrahleffekt der aus dem Elternhaus vertrauten Marken, besonders der Krönung – ohne „Halbe-Tassen-Effekt" und nicht mit weiteren Gaga-Benefits ausgestattet – zur schlüssigen Markendehnung in Richtung jung, hip, geldbeutelaffin: Disc, Kapsel und Pad, Sorten mit halbem Koffein bei vollem Bums, außerdem ganze, sehr transparent und deshalb so glaubwürdig erscheinende Abhandlungen über die Marke und gelebte gesellschaftliche Verantwortung auf der Website. Jacobs ist so reinweiß wie Karin Sommers frisch gestärkte Kittelschürze, in der man Anfang der Siebziger die Lieben vor dem Wirtschaftswunderbungalow mit ordentlich Aroma verwöhnte. Skandalfrei, androgyn, beständig – solche Marken haben das Potenzial zur Benchmarke. Besonders weil sie es schaffen, dass beim Barista des Vertrauens eine Tasse Filterkaffee wieder teurer ist als eine aus der Siebträgermaschine. Früher, nicht zu fassen, war es umgekehrt.

Du hast ja noch das „Schaufenster am Donnerstag" in der Werbepause verschlungen. Den Jüngeren geht Jacobs am x vorbei. Ritzenhoff-Becher sammeln lassen zur Kundenbindung? Meine Studenten glauben, Frau Ritzenhoff ist eine erfolgreiche Dressurreiterin aus Kronberg im Taunus.

Das hat Starbucks ganz allein geschafft.

Im Zeitalter von 14.000 Werbebotschaften, die jeder durchschnittlich täglich abkriegt, müssen die Heavy Overdose Brand Manager bei Jacobs ganz schön aufpassen, dass sie vorn mit dabeibleiben. Sie machen es gut, und sie haben verstanden, dass Marke leben und erlebbar machen, einmal angefangen, niemals mehr aufhören darf. Sonst ist auf einmal ganz schnell hinten das wahre Vorn und der Preis von 6,50 Euro more or less das Pfund, der ein sattes Preispremium auf schlichtes Kaffeepulver inkludiert, nicht mehr lange durchsetzbar. Deshalb hält, wer jung und begehrenswert bleiben will, die Fertigungsanlage von Zeit zu Zeit an, ruft die Mannschaft zusammen und diskutiert mit allen voller Inbrunst, was sie da eigentlich wie mit wie viel Elan für wen warum machen. Sind es wirklich nur Ziegelsteine, Wischmopps, Kaffeepackungen? Oder bauen sie mit am schönsten Haus, von dem der Bauherr schon immer geträumt hat, putzen sie mit Cillit Bang, damit alles schön sauber ist, wenn die Gäste zum runden Geburtstag kommen, zaubern sie ein Lächeln ins Gesicht des Kaffeetrinkers, dem bei der Krönung der unvergleichliche Geschmack dieses Apfelstrudels seiner Lieblingsgroßmutter auf die Zunge kommt? Es kostet eine Stunde nicht produzierter Einheiten, das stimmt, doch der emotionale Gewinn für alle macht das x-fach wett. So eine Aktion macht wieder deutlich, wofür hier eigentlich alle antreten: dafür, genug Geld für die Miete und 14 Tage Türkei im Jahr zu verdienen? Dann ist es ihr Beruf. Oder dafür, das Leben anderer besser, schöner, erlebnisreicher zu gestalten und dabei für sich selbst ein Glücksgefühl abzusahnen? Dann ist es ihre Berufung.

Mit was?

Nespresso schafft es, diese besonderen Momente in den Alltag zu projizieren. Da muss Jacobs hin. Vom Sonntagskaffee allein kann man nicht leben.

Drei Buchstaben Unterschied machen Großes aus. Wer nicht nur als Mensch, sondern als ganze Company jung bleibt, sorgt dafür, dass alle die wichtigen Informationen darüber, wo die Reise hingeht, in derselben Breite und mit demselben Tiefgang zur selben Zeit haben. Der immer so gewünschte mündige Mitarbeiter gehört auch so behandelt, und es ist schon lange nicht mehr opportun, die da an der Werkbank und den da im Lager künstlich dumm zu halten. Wie sollen ihre Herzen für die Firma schlagen, wenn sie die zwei Mal, die sie im Lauf ihrer Karriere drüben in der Verwaltung ganz oben in der Chefetage mit ganz viel Glas und Stahl und Holzfußboden und den sortenrein servierten Keksen auflaufen müssen, vor lauter Herzklopfen zwei Nächte vorher nicht schlafen können? Und zwar aus Bammel, nicht vor lauter Vorfreude. Zum 25-jährigen Betriebsjubiläum gibt es eine Armbanduhr und einen Reisegutschein und zur Verabschiedung einen Spazierstock und einen Reisegutschein. Bei Schlecker in der Zentrale mussten alle aus dem Aufzug aussteigen, wenn der Chef nach oben wollte; auch deshalb gibt es die nicht mehr: For You. Vor Ort. Vorbei. Bei der Benchmarke sind dagegen alle gleich wichtig. Und bei Air Berlin durfte früher keiner ohne glaubhaft versichertes berechtigtes Interesse und Voranmeldung in die Chefetage. Wie lange die mit dieser kaputten Marke, an der nicht das Flugerlebnis, nicht die Website, schon gar nicht die Lounge das Beste ist, sondern 20 Gramm Schokoherz aus dem Pappkarton am Ausgang, noch for us vor Ort sind, wissen nur die Winde. Sie schicken einem ein paar Tage vor der Reise eine Mail mit dem Betreff „Fliegen Sie mit freiem Nebensitz auf Ihrem airberlin Flug!" Gern! „Machen Sie uns ein Angebot für einen oder mehrere freie Nebensitze und nutzen Sie den zusätzlichen Platz." Ungern! Der Spam klingt nach dem vorletzten Aufgebot. Und weiter: „So traumhaft kann Fliegen sein!" Aha, wegen des freien Nebensitzes. Auf welchem Planeten kicken die denn?

Das muss dringend anders werden! Die Jungen kommen ohne Armbanduhr aus, sogar ohne iWatch.

Da hilft nur der radikale Brand Reset, am besten mit neuem Namen.

Bei der Lufthansa sagen sie, ein Wandlungsprozess passiert nicht in Monaten, sondern in Jahren. Dabei ist der da bitter nötig. Es gehört viel dazu: neben der Veränderung von Einstellungen der so bedachte wie konsequente Kulturwandel, außerdem das kompromisslose Vorleben der Markenmacher. Nicht immer leicht, bisweilen recht schmerzhaft, aber immer wichtig und richtig im Sinne der perspektivenreichen Unternehmenszukunft. Sie halten es so und wandeln sich, ganz konsequent, gegen die naturgemäß großen Widerstände des Personals wie der Passagiere. Da weiß es jeder immer besser, und bei den Pilotengehältern wie den Sitzabständen schnabelt jeder gern mit. In Frankfurt wissen sie ganz genau, dass sie nur diese eine Chance haben, um zu überleben. Die größte Kunst ist, die so lange aufgebaute Markenkraft beim

Wandel nicht zu schwächen, sondern sie dadurch zu stärken; langfristig. Zeit hat nichts zu tun mit Tradition, sich Zeit zu nehmen hat etwas zu tun mit Courage, Konsequenz und Kontinuität. Auch bei der gelebten Marke gilt, dass man gern überschätzt, was man in einen Jahr erreichen kann, und unterschätzt, was man in zehn Jahren erreichen kann. Dafür, dass es gelingt, sorgen vor allem institutionalisierte Markengremien und -prozesse, auch die Rituale des Bandanhaltens und Diskutierens darüber, wie der Beitrag jedes Einzelnen dazu noch effektiver sein kann. Das kostet Zeit und Geld – und das ist gut so. Wir sagen, solche Aktivitäten gehören zum Unternehmensgeschehen wie all die Strategiemeetings, Forecasts und Jahresgespräche.

Sich Zeit nehmen beim Andersmachen ist besonders schön. In der krisenhaften Situation, in der die Lufthansa steckt, steckt die Kraft zum Überdenken von Gewohntem: Ist der HON Circle, die höchste, besonders exklusive Klasse der Meilensammler und Statusfreunde, noch zeitgemäß? Auf der einen Seite ist die Epoche der leiseren Töne angebrochen, da wirkt ostentativ zur Schau gestellte Exklusivität zumindest in Westeuropa befremdlich. Auf der anderen Seite wird oftmals nicht der besonders umworbene Unternehmenslenker im Panamera direkt zum Pre-Boarding übers Vorfeld geschaukelt, sondern der Mechaniker, der mit seinen bunten Schraubenschlüsseln weltweit unterwegs ist, um komplexe Maschinen made in Germany in Gang zu halten. So kommt es vor, dass der CEO oben in der Schlange steht, während unten sein bester Handwerker munter winkend in der schwarzen Limo vorfährt, um als Allererster einzusteigen und den Liegesitz ganz vorn einzunehmen. Wir sagen, die Lufthansa sollte darüber nachdenken, ob statt der ganzen Statusspiele nicht ein ganz anderes Gut das kostbarste ist: Zeit. Wer ganz spät noch boarden darf, am besten direkt an der Terminal-Vorfahrt abgeholt und zum Flieger gefahren wird, zahlt gern mehr. Das ist wahrer Status, jenseits irgendwelcher coolen Abkürzungen.

Aus dem Benchmarkentagebuch

von Henkel & Berndt

Bei dem geilen Namen (das Lilafarbene auf dem Braun heißt Prps) nehm ich eine. Und bei dem geilen Preis zwei.

Hier trennt sich die Spreu vom Weizen, mein Lieber. Für Vorstadtcowboys wie dich gibt es die Wrangler in Weite 34.

Hier wird mit der größten Angst der jungen Damen bravourös gespielt. Mit der Gewissheit wird keine nach Rabatt fragen.

Chapeau! Da macht jemand seine Kleinheit zur Größe – formidable Nischenpositionierung.

Von welchem Weizengras-Bär-lauch-Ingwersaft naturtrüb hat der Texter da genascht? Ich mutier im Affekt zum Veganer!

Erst schweinchenschlau daherreden und dann doch ab in die Wurst … Ich warte auf das Bionier-Bier!

„WAS MACHT DIE BENCHMARKE, FRAU SCHRAMM ?“

(SCHRAMM WERKSTÄTTEN)

Ein Boxspringbett ist ein Boxspringbett. Da sind die Metallfedern in Stofftaschen eingenäht und liegen auf einem Holzrahmen. Wenn man dem Riesentrend nachgeben und sich endlich eins kaufen will, sieht man sie überall. Bei Roller kostet das Modell Santa Barbara in 180 x 200 schlaffertig mit dem 2-fach-Bonnell-Federkern, der bequemen Einstiegshöhe, dem hohen Kopfteil und dem Rotstiftpreis 399,99 Euro. Der einzige Kommentar auf der Website lautet, mit allen orthografischen Besonderheiten: „Ein super bequemes Bett zu einem guten Preis. Einzigster Nachteil es hat 3 Tage extrem gestunken.“ Dafür gibt es vier von fünf Sternen. Wohlriechende Marken sind Hästens aus Schweden, Vi-Spring aus England, Auping aus Holland. Die machen viel Marketing und haben ihre Flagship-Stores auf den Maximiliansplätzen und Kurfürstendämmen dieser Welt. Bisweilen werben sie mit beachtlichen Rabatten, wenn sie Schlaf-, Frühjahrs- oder sonstige besondere Wochen haben.

Angela Schramm interessiert das alles nur, soweit es das muss – für die Marktbegleiter-Beobachtung, Roller ausgenommen. Negativ am großen Trend ist, „dass die Leute mit so vielem schlechtem Boxspring konfrontiert werden. Dann sagen sie, das ist nichts für mich.“ Andererseits ist auch Gutes dran an der vielen neuen

Konkurrenz, vor allem aus der Türkei: „Die Leute denken mehr über Boxspring nach und landen oft bei uns." Die Chefin „schafft beim Schramm", wie man in der Gegend sagt, 190 Kollegen sagen das von sich auch. Das ist in Winnweiler, an einem der schönsten Enden der Welt. Die Straße heißt Am Stundenstein, hier steht noch die Markierung, von der man mit dem Pferd eine Stunde nach Kaiserslautern braucht. Vor allem stehen da zwei große Gebäude, zentral sind die Matratzenfertigung und die Schreinerei. Manufaktur pur, sie fertigen da etwa 5.000 Betten im Jahr, weitestgehend von Hand, viele in mehr als hundert Arbeitsstunden, geleistet ausschließlich in Germany. Keines ist wie das andere, ausgenommen für Hotels – das The Mandala in Berlin hat sein Modell und Schloss Elmau ein anderes, für den Neubau zum G7-Gipfel.

Wer in Winnweiler reinkommt, geht vorbei am Modell Mood, bezogen in „Sara Grau" und mit der Matratze Mythos; und an Frau Tropiano vom Empfang. Sie ist die erste Visitenkarte des Hauses, im Faden gefärbte Markenbotschafterin, am Telefon genauso wie persönlich. Bei der kriegt man gute Laune. Dann kommt die Ausstellung, wo man sich fühlen darf wie auf dem Salone Internazionale del Mobile, der Möbelmesse aller Möbelmessen – Mailand in der Pfalz: Betten bereit zum Probeliegen, arrangiert in Schlaferlebniswelten, so opulent wie für 1001 Nacht und viele mehr, und Stoffe zum Beziehen der Kopf- und Seitenteile überall. Die Marke Schramm zieht passionierte Schläfer von überall hierher. Sie verbinden den Premiumbettentrip mit dem Elsass, der Champagne, dem Rheingau – wer gut schläft, will auch gut essen und gut trinken. Es sind Leute, die irgendwie schon alles haben, nur ein solches Bett nicht. Genauso kommen die, die richtig gut schlafen wollen und lange sparen auf ihr Bett von Schramm.

Hier haben sie die Geduld der Engel. Die müssen sie auch haben, es geht schließlich um eines der wichtigsten Bedürfnisse des

Menschen: guten, gesunden Schlaf. Und um die Investition von mindestens 4.000 Euro, bis hoch zu 25.000 Euro, auch 50.000 Euro sind möglich. Das investiert man einmal, zweimal im Leben, und dann muss alles sitzen. Wenn man auf der Seite liegt, und die flache Hand des Beraters kommt gerade noch unter der Taille durch, ist das ein gutes Zeichen für den richtigen Härtegrad. Ausgiebig Probe liegen: ja, Probe schlafen: nein. Testen über Nacht geht in der Mühle am Schlossberg, sieben Kilometer weiter, eine smarte Kooperation: in jedem Zimmer andere Matratzen. Da kommen Modell und Härtegrad zuerst – und nicht der beste Ausblick.

Es kommt vor, dass die Beratung Stunden dauert. Und es passiert, dass der Kunde sagt, wie er da so liegt, dass er seine Wirbel gleiten spürt. Das ist selbst für eine Frau Schramm too much: „Wir sind solide Handwerker, keine Orthopäden." Wenn alles passt, empfehlen sie den Händler vor Ort. Der berät genauso gut, jedoch wollen viele einfach wissen und spüren, wo ihr Bett entsteht. Der Händler ist einer von 400, heißt Maurer in Saarbrücken, Beckmann in Hamburg, Wallach in Celle. Für immer mehr Besucher ist er Hall Oscar in Moskau, Woodlane in Hongkong oder Beijing Concept Living in Peking. Schramm hat keine Auslandsgesellschaften: „Wir machen unsere Betten, und unsere Händler wählen wir ganz genau aus. Die machen ihre Markenführung, mit unseren Produkten, da hängen wir uns gar nicht rein." Ein Familienbetrieb, vertreten in 20 Ländern, Umsatz in gut zweistelliger Millionenhöhe. Das soll genügen, wenn es bei kompromissloser Qualität bleiben soll. Die Entscheidung für handwerkliche Perfektion fällt schon 1923, als es mit Polsterei und Sattlerei anfängt. Schnell kommen die Spezialisierung auf Matratzen und Betten, dann die drei aktiven Patente, auf denen heute die Einzigartigkeit beruht.

Bei dem Hype ums Boxspringbett, geht da nicht noch mehr? „Auf einmal wollen ganz viele Geschäfte unsere Betten verkaufen.

Wenn es uns nur ums Geld ginge, müssten wir jetzt Gas geben." Also umstellen in der Fertigung von einer Schicht auf zwei oder drei und die Preise erhöhen. Beides tun sie nicht, dann ist diese Art der Produktion schnell nicht mehr möglich. „Wir sind Handwerker und Kaufleute, da weiß man, dass nur langfristiges Denken und Handeln nutzt. Wir müssen immer da bleiben, wo wir herkommen." Zukunft braucht Herkunft. Deshalb schreinern sie hier Betten und Beistelltische und sonst nichts; keine Zweitmarke oder Sofas oder sonst etwas mit Möbeln, was die Marke dehnt, um zu wachsen um des Wachsens willen.

Hier geht eines nicht: gleich bestellen. Nachlass gibt es auch keinen; für niemanden, da ist man ganz rigide: „Wir sind aus dem Schattendasein rausgekommen, weil wir so ehrlich und konsequent sind, da müssen wir das bei diesem Thema auch sein. Da sind wir etwas prätentiös." Die begehrliche Marke darf das, es macht sie noch begehrlicher und stärkt das Vertrauen des Händlers. Fabrikverkauf gibt es auch keinen, von Ware mit kleinen Fehlern und solche Spielchen. Bei Schramm behält man seine Fehler bei sich. Was auf den Markt kommt, ist ein perfektes Bett, und das hat seinen Preis. Was macht diese Anziehungskraft aus? Der Kern der Marke lautet „Schlafgenuss", ihre Treiber sind das Schöne, das Beste und der Komfort. Unterm Strich steht „carpe noctem" im Mittelpunkt, nutze die Nacht, „als letzter Rückzugsort, an dem man das Handy auf Flugmodus stellt".

Doch, es gibt Menschen, die bekommen einen Nachlass – die Mitarbeiter. Nur für sich und nicht fürs halbe Dorf. „Wir wollen, dass die Herrschaften so gut schlafen wie unsere Kunden. So wissen sie auch, wo sie arbeiten und welchen Beitrag sie zum perfekten Schramm-Bett leisten." Hier sucht man die Kollegen nicht nur nach der besten Fähigkeit aus, sondern schaut besonders, wie gut sie ins Team passen. „Leute, die wir einstellen, sind eher ungewöhnlich. Wenn Personaldienstleister Querköpfe und unbequeme Biografien zu vermitteln haben, sagen sie, der ist was für euch!" So kommt eine über 50-Jährige dazu, hoch verschuldet, die Ehe kaputt, die Mitfahrgelegenheit kriegt sie organisiert. Inzwischen ist sie seit Jahren dabei. So kommt es auch, dass der Chef nach 42 Jahren einen Außendienstler in den Ruhestand verabschiedet, zu dem er immer Sie gesagt hat und er Du zu ihm.

Was macht ihn genau aus, den Unterschied zwischen einem Bett und einem Bett von Schramm? Für die besonders hochwertigen Matratzenmodelle verwendet man als einziger Hersteller weltweit Federn, die nach dem Winden traditionell ofenthermisch vergütet werden. Das ist so wichtig, weil Metall beim Biegen seine Molekularstruktur verändert und deswegen anschließend wieder gehärtet werden muss. „Man kennt das vom Schmied. Nur so behält die Feder ihr Gedächtnis und bleibt für immer widerstandsfähig, sie bewahrt ihr Rückstellvermögen." Auf Laiendeutsch: Sie leiert nicht aus. Die Hitzevergütung entmagnetisiert auch die Federn. Das entkräftet Bedenken vieler Boxspringbettenkäufer, was die Strahlung angeht. Außerdem werden hier die Federn von Hand in die Taschen eingenäht, nicht maschinell. So können in einer Matratze, je nach Zone und Körperpartie, unterschiedlich kräftige verwendet werden. Auch das ein echter USP. Die anderen Hersteller nehmen eine Sorte Industriefedern, alle mit ein und derselben Härte, zumeist schon fertig maschinell in die Taschen eingenäht, das war's. Und was ist mit der soften Alleinstellung, der für Bauch und Herz? Es ist die, dass man Schlafgenuss erlebt, weil man die Gewissheit hat, in einem Bett von Schramm zu schlafen. So einfach.

Solch ein Produkt herstellen und verkaufen zu dürfen, sagt Frau Schramm, ist ein Geschenk. Wie schön, „dass man Kunden hat, die das zu schätzen wissen. Das ist für uns die Beflügelung, so weiterzumachen." Und weiter ganz vorn dabei zu sein, mit einem Marktanteil bei Premium-Boxspringbetten in Deutschland von

25 % bis 30 %. Wer vorausgeht, wird kopiert. Schramm passiert das beim Design, bei der Website, bei der Technik. „Zufriedenstellende Qualität ist da nirgends zu entdecken." Die Matratzenrezepturen kennen sowieso nur der Chef und ein Meister. Sie werden alle sechs bis sieben Jahre überprüft, weil der Mensch sich verändert und mit ihm seine Schlafgewohnheiten. Dafür kommen alle Mitarbeiter in die Ausstellung und es wird groß gelegen und vermessen: „Wenn wir die Zusammensetzung fast unmerklich verändern, nur in eine Tasche eine andere Feder einnähen, bemerken wir, dass der Mensch anders liegt." Auch damit sorgt man dafür, dass der Vorsprung groß bleibt. „Ein schönes Bett ist schnell zu kopieren, ein gutes Bett nicht."

Das erlesene begehrliche Produkt hat bei Schramm die erlesene begehrliche Verpackung. Man spürt es überall, im Geschäft genauso wie am Firmensitz und online. Angela Schramm: „Die Marke trägt uns nach außen und führt dazu, dass der Kunde sich für uns interessiert. Ohne das habe ich keine Nachfrage. Dann ist das Produkt nur mein Leben, aber nicht auch das, was uns allen hier das Geld zum Leben bringt." Insofern, sagt sie, „ist die starke Marke unsere Lebensversicherung".

DIE BENCHMARKE …

IST EHRLICH

- Der Anfang allen Erfolgs ist die stimmige Story um die Gründer und Macher. Sie tun gut daran, sich niemals zu verstellen.
- Wer Erfolg hat, hat die Wahl: alles so lassen und den Erfolg sichern oder wachsen auf Teufel komm raus. Das wird schnell gefährlich.
- Konsumenten kriegen heute alles raus. Auch, wer nach vorn gern volksnah tut und nach hinten die Interessen der Konzerne bedient.

Sachen gibt's, die gibt's gar nicht: Schwer erziehbare Schüler verbringen ihre Zeit nicht mehr damit, andere schwer erziehbaren Schüler zu verprügeln. Stattdessen sitzen sie einträchtig beieinander und – häkeln. Mützen, die aussehen wie früher die Klorollenschoner auf der Hutablage, nur ohne eingestickte Autonummer. Cool ist nicht mehr der, der an der Tätowiernadel hängt, sondern der, der die Häkelnadeln am kunstvollsten durch die Wolle führt. War die selbst gemachte Mütze mit dem dicken Bommel früher das Oneway-Ticket in die soziale Isolation, kann die Kopfbedeckung heute nicht handgemacht genug aussehen. Schuld an der neuen Lust am Spießern sind zwei Jungunternehmer aus Hof, die auf den ersten Blick mit „cool" so viel zu tun haben wie der Podolski mit dem Faust: Thomas Jaenisch und Felix Rohland sind 2008 auf einem Austausch für Skilehrer in Japan, als sie akute Langeweile befällt. Da zeigt ihnen die spanische Mitschülerin am warmen Ofen, wie man häkelt. Nach wenigen Stunden sind die ersten Mützen fertig. Schon am nächsten Tag gehen die für zehn Euro das Stück an ein paar Wintersportler aus Australien. „War halt kalt am Kopf", erinnern die Founder, „da waren die Boshis genau das Richtige." Das ist japanisch und heißt Mütze.

Mit „der Faust" geht's vielleicht besser.

Wie naturgut drauf muss man sein, um das Einmalerlebnis mit der Spanierin und den Australiern in Japan in ein Ladenlokal in der Hofer Fußgängerzone zu verlängern? „Des is a Sucht", sagen die zwei und berichten von langen Häkelabenden vor dem Fernseher, um die Orders von Freunden und Bekannten abzuarbeiten. Bald erfolgt die Gründung des ersten Handarbeitsshops unter dem Label Myboshi. Die Vision: Jeder Kopf soll seinen ganz eigenen Deckel bekommen. Der Durchbruch gelang mit der Einführung des Mützenkonfigurators im Internet: Form, Farben, Muster. Die Modelle heißen Sapporo, Gifu und Ichikawa. Spätestens nach zwei Wochen steckt die Wunschmütze im Briefkasten. Die Idee trifft den Do-it-yourself-Zeitgeist voll auf die Zwölf. Myboshi

Des is total posh! Die sind nicht dem Trend gefolgt, sondern haben ihn gemacht!

Das sind genau die Freaks, die die Welt braucht – gegen die epische ewige Langeweile im Regal.

verkauft bald 80.000 Mützen im Jahr, für 40 Euro aufwärts. Handwerk hat tatsächlich den wahren goldenen Boden, da kommen Beratung und Lehre nicht mit. Dass sich dieses Volumen nicht mehr durch die fingerfertigen Start-upper allein bewältigen lässt, liegt auf der Hand. Mittlerweile arbeitet ein ganzes Heer sogenannter Häkelomis für die Bürschchen. 7 Euro netto gibt es pro Kappe, und die Damen sind runter von der Straße. Sie empfinden die Arbeit nicht als Arbeit und das Geld als nettes Zubrot für das, was sie sowieso am liebsten machen. Dazu gibt es die Website mit Wolle und Häkelanleitungen und flächendeckend Läden, die die Ware führen. Wir sind beeindruckt.

2014 gehören Jaenisch und Rohland zu den Finalisten beim Deutschen Gründerpreis. Und die Medien gehen ab wie die Lucy – endlich mal wieder guter Content! Die „fabelhaften Boshi-Boys" (Der Spiegel) sind überall. Das hindert aber nicht daran, weiterhin selbst zur Nadel zu greifen. Der Rummel scheint sie eher zu wundern als zum Superstar-Höhenflug zu animieren. Häkler, bleib bei deinen Nadeln. Es ist diese entwaffnende Unbekümmertheit und Echtheit, die den Erfolg ausmacht. Myboshi reitet die Selbermachwelle, ohne sich selbst zu wichtig zu nehmen. Mit den Häkelomis, sagen sie, haben sie tatsächlich so was wie ein Oma-Enkel-Verhältnis. Und wer die zwei so bescheiden im Publikum der Gründerpreis-Verleihung sitzen sieht, wird das Gefühl nicht los, dass die so sind, wie sie rüberkommen. Das haben Markenfans besonders gern.

Was Jungunternehmer angeht, ist das Fernsehen dauerbesetzt von Marie-Christine Ostermann: Mittelstand, FDP, Talkshow-Bewohnerin. Thema egal.

In den Eigenschaften Ehrlichkeit und Echtheit liegt die große Chance, insbesondere für kleinere Unternehmen. Wer zu klein ist, um mit den großen Hunden zu bellen, muss diese Schwäche zur Stärke machen. Felicitas Morhart, Marketing-Professorin an der Universität Lausanne, erforscht mit Kollegen, was Markenauthentizität ausmacht und wie man sie messbar macht: „Eine Marke ist nur authentisch, wenn man das Gefühl hat, dass sie gegenüber Kunden und sich selbst ehrlich ist, und vor allem, dass sie sich selbst treu bleibt." Nur dann kann externe Markentreue entstehen. Dafür braucht es Kontinuität in der Marken(weiter)entwicklung, Glaubwürdigkeit, Integrität und die Fähigkeit, diese Eigenschaften im Kundenkontakt und in der Konsumsituation immer wieder neu auszudrücken und zu symbolisieren. Werden die Grundfesten der sich daraus ergebenden Authentizität nur einmal erschüttert, kommt Skepsis beim Kunden auf und die stabile emotionale Markenbindung weicht auf.

Klingt ziemlich theoretisch, ist aber wahr. Beim Genuss der legendären Currywurst in der Sansibar auf Sylt ist schon so mancher Veganer vom Weg seiner Tugend abgekommen. Kredenzt in der Bretterbude in den Rantumer Dünen und serviert mit dem perfekt temperierten Glas Sancerre, lässt sie schnell vergessen, dass da wenig Bratwurst mit viel Ketchup und viel Currypulver auf dem Teller liegt. Klar, die verkaufen gar keine Currywurst, sondern ein einzigartiges Markenerlebnis, das nur sehr begrenzt skalierbar ist. Auf den ersten Blick sind Kooperationen mit Air Berlin und Breuninger Land für Herrn Seckler, den Chef vom Ganzen, sehr verlockend. Auf den zweiten geht mit jedem neuen Kontaktpunkt, der nicht originär spürbar mit dem Thema Sylt verlinkt ist, ein bisschen von dieser Besonderheit und Einzigartigkeit, dazu ein bisschen viel von der Hochpreisbereitschaft, verloren: In der Sansibar by Breuninger auf der Kö in Düsseldorf zerzaust kein Wind die Haare, bei Air Berlin liegt kein Salz, liegen keine Gischtpartikel vom Flutsaum der Nordsee in der Luft. Auch deshalb empfehlen wir Herrn Seckler, die Namensrechte an der „Kult-Currywurst der ‚Sansibar' aus Kalbs- und Schweinefleisch mit pikanter Currysauce, stilecht serviert mit Holzgäbelchen, extra Currypulver und Brötchen* glutenfrei (außer das Brötchen) Zusatzstoffe: 1, 4, 6 Allergene: g, j" von Air Berlin kurzfristig zurückzuziehen. Ist ja eklig. Und Sylt-Feeling kommt da nicht auf, wo die Beinfreiheit unfrei macht und der Sitznachbar nach Mettbrötchen

Ich hab darüber meditiert und komme zu dem Ergebnis: Bosch verkauft keine Bohrmaschine, sondern das Markenloch in der Wand.

riecht. Die machen seine Marke, die richtig gut läuft, on the long run auch noch kaputt. Zumindest das, was er nicht selbst schafft: Lange Jahre konnte der echte Fan allein schon wegen der Sylter Übernachtungspreise sicher sein, in Deutschlands berühmtester Holzbaracke unter seinesgleichen zu bleiben. Als Beleg dafür, dass man da war, gilt das überteuerte Poloshirt – den Kragen immer hochstellen! Inzwischen gibt es das online für Krethi und Plethi und bei Breuninger auch offline.

Und sie haben, wie wenige andere ultrastarke Marken, nicht mal eine Website. Herzog & de Meuron hat auch eigentlich noch immer keine. (Das bisschen online zählt nicht.)

Ehrlichkeit und Echtheit sind konstante Währungen in einer Zeit, in der nichts Bestand hat und wenig etwas zählt. Darauf baut Tegernseer Bier. Das „Hell" aus dem Kaff am Wasser schreibt eine nicht zu fassende Erfolgsgeschichte: Der Saft wird zugeteilt, nicht verkauft, bis nach Kreuzberg und ins Schanzenviertel. Wer es ausschenken darf, kriegt die Gäste, alle anderen müssen Krombacher nehmen. Im Taunus gibt es Tegernseer für den gepflegten Daheimtrinker beim Schluckspecht, dem Getränkeshop für Profis, und sonst muss man lange suchen. Es kommt vor, dass selbst die Vertragshändler nicht genau sagen können, wann der edle Trunk zu 17,99 Euro ohne Pfand die Schachtel wieder reinkommt. „Wir bewerben uns um eine Ration, und dann heißt es abwarten", erzählt ein Insider. Durchgehend verlässlich beliefert werden nur die Märkte im Umfeld der Brauerei. Alle anderen müssen warten und hoffen.

Die Ursachen des Hypes um Tegernseer liegen im Branding und in der Kommunikation. „Allein der Name Tegernseer und die komplett undesignte Flasche erzählen vom idyllischen Bayern und einer kleinen Brauerei. Heile-Welt-Bilder, die ein Krombacher für viele Millionen in Köpfe hämmern muss", sagt der Hamburger Werbefachmann Stefan Kolle. Hier greift der Merkel-Effekt: Die Kanzlerin könnte mehr Zeit und Geld in ihre zeitgemäßere Erscheinung stecken, aber gerade die Beständigkeit, mit der sie an optisch gleichbleibenden Symbolen festhält, schafft die Grundlage für das Vertrauen in sie. Wer so wenig Wert auf Äußerlichkeiten und Status legt, ist unbestechlich, so die Message, die beim Volk ankommt. So ist es auch beim Tegernseer: Alles für das Bier, nichts für Design und Werbung. Bis die Sache mit dem Ausbau der Braukapazitäten kam. „Es gärt im Tegernseer Tal", schrieb die Presse und schilderte das Aufbegehren des Landvolks gegen das eigene Kultbier. Hatte man sich jahrelang kollektiv am kometenhaften Aufstieg des Underdogs erfreut, spaltete der Expansionsdrang des Herzoglichen Braustüberls die Leute. Die neue Braustätte ist für viele ein „ekliges Betonbauwerk", sie steht mitten im Naturschutzgebiet. Die Rede ist von „Wachstum um jeden Preis", „CSU-Filz" und „Profitgier". Vom Markenversprechen des Bräustüberls, „friedlich, bayerisch, zünftig und gemütlich", ist da nicht viel übrig. Stattdessen hagelt es Petitionen aufgebrachter Bürger, deutschlandweit süffisant ausgeweidet von den Medien; Storys ums Bier und so gehen immer. Bisher kommt das Idyll direkt aus der Flasche, jetzt gibt es Saures von Traditionalisten und Umweltschützern. Diese Unruhe stört nicht nur die Ausbaupläne, sondern sorgt auch für bitteren Beigeschmack beim Kunden: Was nicht mehr echt ist, ist halt falsch. Und das ruft Nachahmer auf den Plan: Das Chiemseer sieht genauso undesignt aus und kriegt richtig Oberwasser. Und das Ammerseer (da sind die Etiketten allerdings schon ziemlich durchgestylt) ist auch schon aus den Startlöchern raus.

Wer will's den Kritikern verdenken? Und wieso muss eine erfolgreiche Firma immer wachsen und alles aufs Spiel setzen? Fehlt nur noch der Sargnagel durch den Verkauf an Radeberger.

Chiemseer gehört zu Auerbräu und die gehören zu Schörghuber, und denen gehört Paulaner, Hacker-Pschorr, Fürstenberg ... Weiß aber keiner und will auch noch keiner wissen.

Im Spannungsfeld zwischen Herkunftsbezug und Wachstum liegt die zentrale Herausforderung für authentische Marken. Die große Kunst besteht darin, die Ressourcen realistisch einzuschätzen und nicht zu überfordern. Zu schnelles Wachstum geht zulasten der Qualität und der persönlichen Kundenbeziehung. Das sind die Faktoren, die bei dem einen das gute Gefühl und damit Absatz erzeugen – und bei dem anderen die positive Thermik, was die Marge angeht. Das gilt auch für Lizenzen: Unter einem Label Armani kann man sich grundsätzlich viel mehr vorstellen, als es schon gibt, bis hin zum Hotel und zum Auto. Wir sagen aber, dass die Marke in Sachen Preis und Exklusivität langfristig nicht profitiert, wenn sich jeder etwas von Armani leisten kann. Der uns namentlich bekannte Partner einer größeren Unternehmensberatung, der hier lieber ungenannt bleiben will, bringt das Dilemma zwischen Anspruch und Wirklichkeit wachsender Marken auf den Punkt: „Natürlich ist es toll, eine Beratung mit über 200 Mitarbeitern zu führen. Aber am profitabelsten waren wir, als wir zu viert aus dem Wohnzimmer raus gearbeitet haben."

Ganz wichtig: Wer ehrlich ist, muss online auch ehrlich sein. Hier wird ohne Rücksicht auf Hierarchien und analoge Umgangsformen im Vollkontakt miteinander umgegangen. Das muss man wollen und tun und aushalten. Man muss sich den Diskussionen proaktiv, ohne Visier und in Echtzeit stellen. Unliebsame Fragen aussitzen ist hier nicht, sie fremdbeantworten lassen ebenfalls nicht. Wenn man nicht selbst nach bestem Wissen und Gewissen agiert, übernimmt es ein anderer – mit der Darstellung seiner ganz eigenen ungeschönten Erfahrungen.

DIE BENCHMARKE ...

WECKT VERTRAUEN

- Wenn der Kunde nicht mehr hinterfragen muss, ob die Marke wirklich leistet, was sie verspricht, kann er sich auf das Wesentliche konzentrieren – den Produktnutzen.
- Im Zeitalter von Social Media sind Echtheit und Transparenz das A und O. Wer dem Kunden etwas vorspielt, wird entlarvt.
- Vertrauen aufzubauen dauert Jahre, es zu zerstören wenige Augenblicke.

„Vertrauen ist der Anfang von allem." Schon in den Neunzigern hat die Deutsche Bank grundsätzlich recht damit – da ist das ihr Slogan. Nur muss aus diesem Anspruch eine andere Performance entstehen als die von denen, die inzwischen lieber „Leistung aus Leidenschaft" sagen. (Auch dieser Spruch geht, die Bank und ihre Leistungen vor dem inneren Auge, durchs eine Ohr rein, durchläuft das Egal-Zentrum im Gehirn und flutscht durchs andere Ohr raus.) Die Deutsche Bank versteht da was falsch: Vertrauen muss man sich erwerben. Man darf es nicht für sich reklamieren, einfach so. Man bekommt es geliehen, von den anderen, und wenn man komische Sachen dreht, muss man es zurückgeben. Vertrauensbildung ist harte Arbeit, sie hört nie auf: transparente Unternehmensführung, immer das Ohr am Konsumenten, entwaffnend ehrlicher Umgang mit Fehlern. Es ist wie mit der Liebe: Man kriegt sie nicht, indem man sich als bester Liebhaber empfiehlt.

Keine Markenstärke ohne Vertrauen in die Marke. Wie bei der Beziehung zwischen zwei Menschen ist diese wichtigste Bindungszutat tatsächlich der Anfang von allem und die Basis für all das, was auf dem gemeinsamen Weg geschieht. Einmal angekratzt, ist es schwer bis gar nicht mehr wiederherzustellen. Oftmals trennt man sich lieber, der eine Mensch vom anderen genauso wie der langjährige Kunde von der langjährigen Marke seines Vertrauens. Man weiß um die Zerbrechlichkeit dieses höchsten Gutes, und dennoch gehen viele Unternehmen, genauso wie viele Menschen, so fahrlässig damit um. Die Verlockung steckt einfach drin in den Machern – von Zeit zu Zeit zu schauen, wie weit man gehen kann, die engen Bande zu dehnen und der Sollbruchstelle dabei immer näher zu kommen. Das rechtzeitige Aufhören fällt dann immer schwerer. Wir sind der festen Überzeugung, dass es weder zeitgemäß noch erstrebenswert ist, sich bloß zwischen ein bisschen unlauter und ziemlich unlauter zu bewegen. Für starke Marken geht nur ein Weg: 100 % Redlichkeit, immer, überall, zu jeder Zeit.

Jetzt mal langsam mit den jungen Pferden! Das ist in dieser Absolutheit nicht nur überambitioniert, sondern vor allem langweilig. Versuch's mit 100 % Transparenz. Damit wäre schon viel getan.

Wer diesen Eindruck glaubhaft erweckt, ist eine Benchmarke. Solche Unternehmen haben die Nase vorn, auch in Branchen, in denen es sehr schwer ist, nachvollziehbare Unterscheidungsmerkmale zwischen den Anbietern herauszuarbeiten. Besonders auffällig ist diese Schwierigkeit bei Low-Interest-Produkten: Mineralwasser ist erst mal Mineralwasser. Es braucht nicht viel dafür, sich so nennen zu dürfen: stammt aus unterirdischem Wasservorkommen und ist von ursprünglicher Reinheit; die Zusammensetzung der Inhaltsstoffe schwankt nur leicht; wird direkt an der Quelle oder am Brunnen abgefüllt und braucht eine amtliche Anerkennung. So weit, so gut. Eine Kiste Gerolsteiner mit zwölf Norm-Glasflaschen à 0,7 Liter kostet beim Toom Getränkemarkt in München 4,99 Euro ohne Pfand, eine vergleichbare Kiste Basinus 1,79 Euro. Wie kann das sein? Es gibt zwei Gründe dafür: Gerolsteiner ist sauber im Premium-Mineralwassermarkt positioniert und investiert viel Zeit und Mühe in die Markenführung. Jede denkbare Marketingmaßnahme wird zuerst daraufhin geprüft, ob sie bestmöglich in die Positionierung einzahlt, sie erlebbar macht. Außerdem ist Gerolsteiner ein sogenanntes Fernsehwasser – viel Geld fließt in die TV-Werbung, und wenn die Spots aussetzen, geht der Absatz gleich spürbar zurück. Dafür muss Basinus von den 1,79 Euro noch die Förderung und Verarbeitung, das Abfüllen und den Transport des Wassers bezahlen. Dazu kommen die Etiketten und die Deckungsbeiträge, die man für die ganze Veranstaltung gern hätte. Und die leer getrunkenen Flaschen müssen wieder zurück. Schwierig. Da ist es besser, ein begehrliches Gesicht in der Menge aller Wässer zu haben. Auf der samstäglichen „Deutschen Runde" (Wagenwäsche inkl. Felgenreinigung, Baumarkt, Getränkeshop) greift man gezielt danach. Und man bezahlt mehr dafür.

Mehr Geld in die Qualität wäre auch eine Idee. Besonders rein sind laut Stiftung Warentest die Billigwässer vom Discounter. Die teuren Fernsehwässer bestechen vor allem durch den höheren Gehalt an Mineralstoffen.

Angeführt wird die Liste der Mineralwässer, nach denen die Deutschen greifen, laut Yougov-Brandindex von Gerolsteiner. Es folgen Selters (das ist sogar Gattungsbegriff, man bestellt gern

„Selters" und meint Mineralwasser) und Apollinaris. Die Franzosen Volvic, Vittel und Evian sind beim Image zwar ebenfalls gut dabei, rangieren aber deutlich dahinter. Woran liegt es, dass Gerolsteiner immer vorn ist und vorn bleibt, hochpreispositioniert, mit einem an sich austauschbaren Produkt? Wir sagen, es liegt an der unbändigen Kontinuität bei der Markenführung. Dabei ist die Positionierung im Spannungsfeld zwischen Fitness, Lebendigkeit und Aktivität vernachlässigbar. Die reklamieren etliche Konkurrenten auch für sich. Nein, Gerolsteiner schafft es immer wieder mit absoluter Transparenz, unseren ganzen Vertrauensvorschuss auf sich zu vereinen. Hier ist des Wassers reine Seele zu Hause, haben wir den Eindruck, und diese Heimat wollen wir uns und unseren Lieben geben. Auf der Website können Verbraucher sogar den Mineraliengehalt mit dem von 900 anderen Marken vergleichen: „Machen Sie jetzt den direkten Vergleich, und finden Sie heraus, wie Ihr Mineralwasser mineralisiert ist." Das macht man doch gern, es ist denkbar einfach. Das Transparenteste: Gerolsteiner listet auf, wo der jeweilige Konkurrent besser abschneidet. Selters hat deutlich mehr Natrium, Apollinaris Classic deutlich mehr Chlorid. Bei der Gesamtmineralisierung liegt Apollinaris Classic vor Gerolsteiner. Na und? Jeder hat die Wahl, und wer sich gut informiert fühlt, kauft bei dem, der ihn gut informiert. Außerdem geht es gar nicht darum, den Mineralienrechner wirklich zu nutzen. Schon die Möglichkeit dazu – dass man können kann, wenn man wollen will – bildet Vertrauen in einer Zeit, in der sich Konsumenten schnell hinters Licht geführt fühlen.

Klarer Fall von cleverem Topic Selling: Gerolsteiner etabliert den Mineralstoffgehalt als Qualitätsindikator. Über die Reinheit des Wassers sagt das nichts aus.

Anlässe dazu gibt es genug, und bei denen kommen passionierte Knotterer zügig auf Betriebstemperatur. Selbst bei dm, die weit vorn sind mit vertrauensbildenden Maßnahmen, feiert, wenn man am Regal genau überlegt, die Verwirrnis fröhliche Urständ: Die „Dauerpreis-Garantie" suggeriert, das Produkt ist schon lange besonders günstig, weil „nicht erhöht seit ...". Dabei wird nicht klar, ob nur der Preis stabil oder vielmehr der stabile Preis schon lange besonders niedrig ist. Kann doch sein, dass das Produkt woanders dauernd im Preis erhöht wird, aber dennoch günstiger ist. Der feine Unterschied macht es aus, und weil die immer kritischeren und besser informierten Leute beim Einkaufen mittlerweile vielleicht noch blöd, aber längst nicht mehr saublöd sind, werden solche Ungereimtheiten zusehends Fragezeichen aufwerfen. In puncto partizipative nachhaltige Unternehmensführung lehnt sich dm weit aus dem Fenster, das ist vorbildlich. Wer das tut, steht naturgemäß bei seinen Fans unter verschärfter Beobachtung und muss noch genauer überlegen, was er tut, wie er es tut und was er lässt: Die Bio-Baumwolltaschen, zunächst in Deutschland produziert von Menschen, die auf dem ersten Arbeitsmarkt keine Chance haben, kommen jetzt aus Indien – und sehen genauso aus wie vorher. Die Vorzeigeunternehmerin Sina Trinkwalder vom produzierenden Unternehmen Manomama wurde kalt erwischt, die Näherinnen auch. Auf einmal, sagt sie, hat dm einfach weniger bestellt und lieber die Inder die Tasche nachnähen lassen. Die sensible Netzgemeinde reagiert entsprechend donnernd, und das merkt man schnell in der Kasse.

Na ja, ziemlich spitzfindig.

Ich kann mir vorstellen, dass die Vorzeigeunternehmerin sich zu viel ums Talkshowtermin- und zu wenig ums Kundenmanagement kümmert.

Trotz aller Rechtfertigungen seitens dm: Transparente Unternehmenspolitik, gerade im so herausgestellten und so verletzlichen sozialethischen Bereich, sieht anders aus. Da muss proaktiv und ohne Netz und doppelten Boden kommuniziert werden, gerade gegenüber Lieferanten. Wir fragen uns, wie lange wohl, wenn sich das häuft, beim Einstellungsgespräch in einem ländlich verwurzelten Unternehmen die Antwort auf die Frage seitens des Personalchefs, ob man noch eine Frage hat, die ist, ob es am Ort einen dm gibt. Um fair zu bleiben: dm-Gründer Götz Werner und die ihm nachgefolgten Kollegen in der Geschäftsführung sind mit ihrem Tun immer noch ganz weit vorn bei den Sympathiewerten. Bei uns auch, gerade was die raue Drogeriebranche angeht. Sie müssen nur immer wieder neu darauf achten, dass sie das weiterhin sind. Gut, wenn sie sich dafür zuzeiten mit den Großen anlegen: Als Colgate-Palmolive den Inhalt bei der Zahncreme Dentagard um 25 % verringert, den Preis aber unverändert lässt, steht da ein Schild im Regal, wo üblicherweise die Tuben liegen: „Gleicher Preis bei weniger Inhalt: Da streiken wir!". Stattdessen empfiehlt man die Eigenmarke, Dontodent Kräuter oder Fluor. Der Trick, den Inhalt zu verringern, ohne den Preis zu senken, ist alt. Neu ist, dass der Händler seine Kunden explizit darauf aufmerksam macht und den Artikel auslistet. Das wundert Colgate-Palmolive auch. Doch daran werden sich die Hersteller schon gewöhnen müssen: Die offene Preiserhöhung ist die einzig wahre, die verdeckte hat ausgedient.

Cool! Mit derart markigen Ansagen schafft man es in den redaktionellen Teil vom Spiegel. Das ist für dm viel wertvoller als ein paar mehr verkaufte Markentuben.

Transparenz muss Nivea auch noch üben. Der eine oder andere Ultramarinblauäugige, eher im niederschwelligen Flow unterwegs, kauft unter gewissen Umständen eine Büchse „Stress Protect Deo" von Nivea. Ein satter Erfolg kann das aber nicht werden: Hier werden Ängste erfunden, die man vorher gar nicht hatte. Nachdem der versprochene Nässeschutz in Stunden nicht mehr glaubhaft weiter in die Höhe schraubbar ist – den Rekord hält zurzeit der „L'Oréal Men Expert Roll-On Invincible Man 96 h", also vier Tage nicht duschen und trotzdem geruchstechnisch rundum unverwundbar sein –, muss jetzt was anderes her: etwas, das nicht nur Schweiß bekämpft, sondern Stress als Angstschweißauslöser No. 1 sogar vermeidet, bevor er entsteht. Geht das? Ja, soll das Unterbewusstsein annehmen und das Hirn anfeuern, die Hand beherzt ins Regal greifen zu lassen. Ernüchternd: Nivea schränkt auf der Website ein, dass man sich hier nicht gegen Stress allgemein, sondern nur gegen solchen protecten kann, der durch die Befürchtung ausgelöst wird, dass das Deo versagt. Geht's noch? Die Klarstellung ist ziemlich klein geschrieben.

Auf so eine irrationale Ansage muss man erst mal kommen. Das Zeug wird aufgerollert und nicht gelutscht, liebe Werber! Bei Amazon gibt es die Roll-ons im Sechserpack, die reichen für zwei Jahre. Geht das dann auch ohne Duschen?

Solche Unternehmen spielen mit unserem Vertrauensvorschuss. Wenn der erst mal weg ist, kehrt er schwer bis gar nicht mehr zurück. Irreführende Werbung ist das, wobei jeder mitten im Leben stehende Richter einem Kläger die mitfühlende Frage zuraunen würde, wie es um die Anzahl Tassen in seinem Schrank bestellt ist. Nimmt doch nur einer für voll, der nicht gerade die hellste Kerze auf der Torte ist. Obwohl ... Red Bull akzeptiert in den USA einen Vergleich, 13 Millionen Dollar, um eine Massenklage zu vermeiden. Ein paar Nachtschattengewächse behaupten steif und fest: Von dem Zeug kriegt man gar keine Flügel! Das Bundesgericht im Staat New York gibt ihnen recht. Jetzt kann jeder, der seit 2002 von dem Zeug in der Hoffnung genommen hat, über sich hinauszuwachsen, zehn Dollar als Kompensation für entgangene fliegerische Fertigkeiten beantragen. Oder Produkte für 15 Dollar. Ohne Kassenbon. Die Strategen von Red Bull lächeln, schon wieder super PR, still und leise in sich hinein.

Für mich sind das die helleren Kerzen auf dem Cake. Für 13 Millionen, Währung egal, musst du doch einige Vorträge halten, Herr Berndt.

Was kein Vertrauen weckt, weckt Misstrauen. Das ist einer der guten Effekte der unbarmherzig gläsernen Online-Community: Es kommt immer raus. Was jahrelang schweißtreibend aufgebaut wurde, wird in fünf Sekunden zunichtegemacht. Ein unbedachtes Posting reicht. Erstaunlich, wie viele etablierte professionelle Unternehmen das immer wieder neu nicht wahrhaben wollen und Sachen machen, für die wir jedem Einzelnen den „Vollpfosten des Jahres" verleihen. Ganz vorn mit dabei die TUI, Opel, der Kamerahersteller Sigma und Bayer (und sicher unzählige andere mehr). Sie werden erwischt beim Manipulieren und Mogeln im Internet, mit Tausenden positiven Kommentaren in Foren und auf Nachrichtenseiten. Die kommen gar nicht von den Usern, sondern von flinken Schreibern in den Kommunikationsabteilungen, außerdem von einer Agentur in Wien, die auf solche Art Thermik spezialisiert ist. Sportlich naiv, haben die das nötig? Erstens sehr, zweitens nein. Sie tun es trotzdem, es geht um den kurzfristigen Effekt und beschädigt langfristig das Image, gerade bei besonders interessanten wie besonders sensiblen onlineaffinen Zielgruppen. So ein grottenolmiger Nerd, der nach jahrelanger Surferei im Internet irgendwann die Barmittel hat für die

Was heißt da „Nerd"? Schon der durchschnittsdeutsche Olm verbringt 166 Minuten pro Tag im Netz. Studenten halt noch ein paar mehr.

richtigen Kopfschmerztabletten, die Kreuzfahrt mit Mein Schiff, den Opel Cascada und die dp2 Quattro von Sigma, vergisst nicht.

Der Gartenfreund vertraut blind dem Schlauchverbinder 13 mm (1/2") – 15 mm (5/8") von Gardena. Das ist der orange-graue Anschluss für den Schlauchanfang. Er kostet brutto 4,79 Euro, schreiben sie als empfohlenen Verkaufspreis auf die Website, vorgeschriebene Verkaufspreise sind ja verboten, und sie tun viel Erlaubtes dafür, dass dieser Preis überall am Markt Wahrheit ist. Benchmarken sind preisstabiler. Über digitalo.de gibt es das Teil dennoch gelegentlich für 3,05 Euro brutto. Selbst Gardena schafft keine vollkommene Preisstabilität, aber sie haben wenigstens weniger Ausreißer, und die trauen sich weniger. Und bei denen werden sie viel Erlaubtes dafür tun, dass solche Preisbrecher schwieriger an die begehrte Ware kommen. Muss ja nicht. Der eine ganz hohe wie der andere immer noch ganz schön hohe Preis ist heiß – für Gardena. Wer denkt in Zeiten von Landlust, Landliebe und Landirgendwas, in denen der gut gepflegte Garten vor dem gut gepflegten Auto kommt, drüber nach, dass das ganz schön teuer ist? Die Gestehungskosten für ein solches Plastikspritzgussteil liegen bei ein paar Cent Fünfzig. Aber wenn schon, denn schon: Das Vertrauen in Gardena ist grenzenlos. Da kommt Kärcher mit seinem Schlauchverbinder nicht mit. Die kriegen das Hochpreisvertrauen nur bei Hochdruckreinigern. Und die unzähligen Billigheimer kriegen gar keins.

Ich steh da grade auf dem Schlauch: Warum braucht es da jetzt auch Vertrauen? Es geht doch bloß um Wasser für den Rollrasen.

Vertrauensstarke Benchmarken versprechen nur das, was sie halten können. Und zwar immer. Sie gehen ultimativ offen mit Problemen um. Sie sind kulant bei Reklamationen und glauben an den Effekt der Weiterempfehlung als wirksamstes und gleichzeitig kostengünstigstes Tool für Kundenbindung und -gewinnung. Hier geht schon immer Lands' End benchmarkig voran: Die nehmen jeden Artikel jederzeit zurück und erstatten den Kaufpreis, ohne Bon. (Den paar Leuten, die das auf der einen

Seite ausnutzen, sollte man angesichts des Werbeerfolgs auf der anderen Seite ein paar Gratispullis on top schicken.) Solche Marken investieren in ihre Mitarbeiter, als Garantie dafür, dass Vertrauen nicht missbraucht wird – und es somit nicht das Ende, sondern wirklich der Anfang von allem ist. Solche Unternehmen wissen, dass Echtheit siegt und das antrainierte angeknipste Lächeln im Verkaufsgespräch gleich enttarnt wird. Nur wer vor lauter Freude am Tun freundlich ist, gewinnt. Und für Kollegen, die nicht mitziehen, ist schnell Edeka – Ende der Karriere. Benchmarken sorgen außerdem dafür, dass man die Preisgestaltung nachvollziehen kann. Und sie freuen sich, bei allem Ärger, auch ein bisschen, wenn sie plagiiert werden.

Wer mit dem Herzen bei der Sache ist, lacht herzhaft. Ist das so schwer zu begreifen und umzusetzen?

In Russland gibt es deutsche Marken, die gibt es nicht mal in Deutschland. Kühlschränke von „Kaiser", Putzmittel von „Meine Liebe" und Schuhe von „Thomas Münz". Alles liebevoll hingefakt, mit Websites in schlechtem Deutsch, die lustige Märchen über die Gründer und deren Antrieb erzählen. Und im Reklamefernsehen halten echte deutsche Schauspieler echte Schuhe made in sonst wo hoch. Made in Germany ist da nichts, noch nicht mal engineered, integrated empowered oder irgendwas anderes Englisches in Germany.

Lernen von den Schweizern: Ein Äquivalent zum Swissness-Gesetz würde Herkunft ganz genau regeln und solchen Sperenzchen im Graubereich engere Grenzen setzen.

Wir bemerken: Echte deutsche Ware, genauso wie schweizerische und österreichische, die es ehrlich meint mit Käufern und Konsumenten, genießt unverändert hohes Ansehen in der Welt. Und zu Hause auch. Da ist es schwierig, das Vertrauen der Konsumenten nachhaltig zu beschädigen. Aber wir sind uns sicher: Mit der nötigen Inbrunst beim Hinbiegen, Lügen und Betrügen werden es die Unbelehrbaren, die nicht verstehen, was man heute haben, können und sein muss, um nachhaltigen Erfolg zu haben, den vorausgehenden Redlichen leicht machen, bei der Akzeptanz der härtesten Währung unserer Zeit vorn zu bleiben. Es handelt sich nicht um Euro, Dollar und Franken – es ist Vertrauen.

„WAS MACHT DIE BENCHMARKE, HERR POLENZ ?“ (EASY CREDIT)

Es gibt Firmen, die sind total sexy, und sie werden ganz unkritisch für alles gelobt, was sie machen. Google und so. Und es gibt Firmen, die sind auch total sexy, aber sie müssen sich ziemlich anstrengen dafür, gelobt zu werden. Easy Credit und so. Die einen sind die Superstars in der hipsten Branche der Welt; die anderen sind die mit Vorsicht zu Genießenden in einer Welt, die man nur betritt, wenn es nicht anders geht: Geld leihen! Da verkauft man seine Seele, und das nur, weil man ein Haus bauen, eine Küche kaufen, einen Urlaub buchen will ...

Wenn man in Nürnberg bei Easy Credit die neue Zentrale und damit diese ganz eigene Welt des Ratenkredits betritt, ist das gar nicht so schlimm. Es riecht gut, und die Sinne stellen sich ganz konstruktiv ein auf das, was sie im Foyer wahrnehmen: links der Empfangstresen, wo es den Besucherausweis gibt. „Gastfreund“ steht groß drauf, die Mitarbeiter sind die „Schrittmacher“ und für Dienstleister gibt es den „Impulsgeber“. Hinter dem Empfang der Trakt mit der Zukunftswerkstatt, wo die strategischen Projekte ausgehirnt, priorisiert und ausrollfertig gemacht werden. „Da kommen die zusammen“, sagt Vorstand Christian Polenz, „die sich in der freien Denke außerhalb ihres normalen Alltags engagieren.“ Es sind viele, immer andere in anderen Teams. Hier werden

Serviceerlebnisse 4.0 für den kreditbedürftigen Verbraucher ersponnen – so weit zählen sie schon bei Easy Credit. Die Projekte machen die Videotelefonie im Beratungsprozess einfacher und smarter oder ermöglichen den transparenten Kreditabschluss genau im Moment des Check-outs beim Onlineshopping. Easy Credit investiert dafür jedes Jahr höhere zweistellige Millionensummen, um dem erklärten Ziel immer noch ein bisschen näher zu kommen: erste Wahl sein.

Geradeaus die Kaffeebar. Da kann man auch arbeiten, und das gilt in diesem Haus für jeden Winkel. Vom Tresen geht der Blick nach oben, wo die Balustraden in den Etagen zum Lichthof rund sind wie im Guggenheim Museum in New York. „Vertrauen" steht ganz groß dran und „Team" und sogar „Wir sind ehrbare Kaufleute". Die Vision hinter all dem steht auf dem Flatscreen rechter Hand vom Eingang: „Wir sind für unsere Kunden die erste Wahl im Liquiditätsmanagement. Einfach. Fair." Aha, und was tun sie dafür, dass es auch so rüberkommt, dass Kunden ihnen Vertrauensvorschuss geben in unsicherer Zeit und sie den für das gute Geschäft für beide Seiten nutzen? Für die Antwort lehnen sie sich weit aus dem Fenster: „Wir müssen uns zu mindestens 97 % sicher sein, dass der Kunde zurückzahlen kann, nur dann muten wir ihm den Kredit zu", sagt Herr Polenz. Diese Sicherheit stellt das System her, es ist nicht fehlbar wie der Mensch. Und da fällt auch dieser entwaffnend ehrliche Satz, der neben vielen anderen Losungen auf vielen Bildschirmen und an vielen Glastüren steht: „Lieber ein zufriedener Nichtkunde als ein unzufriedener Kunde." Das sitzt. Maßgeblich für zufriedene Kunden ist auch, dass es am Telefon im Zweifelsfall nicht „Kann ich jetzt nicht sagen, wir rufen Sie zurück" heißt, und dann meldet sich irgendwann jemand ganz anderes, der den Vorgang nicht kennt, sondern vielmehr glasklar: „Ich kläre das und rufe Sie persönlich bis 16 Uhr zurück." Und dass derjenige das dann auch tut. Anschließend geht er vielleicht in die Kantine, ganz rechts vom

Eingang, mit den vielen Steckdosen im Boden fürs Notebook – hier ist auch Büro – und den zehn Sorten fancy Limonade und Cola außer Bionade im Kühlregal. Und auf der Toilette kommt das Notebook auf die eigene Ablage überm Porzellan. Da haben die User-Experience-Experten auch dran gedacht, man hat es ja immer am Mann (und an der Frau).

Der Gast beginnt sich wohlzufühlen hier am Eingang und taucht tiefer ein in diese Welt. Hier, wo es so bunt zugeht, ist gar nicht Google. Aber die Herrschaften Vorstände Boldyreff, Decker und Polenz wünschen sich von den Kollegen, dass sie Alexander, Christiane und Christian sagen. Auch das unterstützt dabei, dass von hier aus weiter wächst und gedeiht, was die Teambank mit dem Produkt Easy Credit im schwierigen Markt profiliert. Bei allem Laisser-faire, aller Vertrauensarbeitszeit und allem Wohlfühlambiente stellt Christian (Polenz) klar: „Wir machen nicht auf Schöner-Wohnen, sondern schaffen eine Arbeitswelt, die gezielt auf Effizienz, Innovation und Agilität ausgelegt ist. Damit zeigen wir auch, dass wir lieferfähig sind und unsere Versprechen einhalten." Die manifestieren sich in den Markenwerten flexibel, individuell, sicher, transparent. Sie müssen gelebt werden, vor allem auf der Website und am Telefon, auch bei der Beratung in der Partnerbank. Überall sollen die Mitarbeiter ihre Erlebniswelt auf das Erleben des Kunden übertragen, mindestens 3.0-mäßig, besser 4.0. Nur so hat Easy Credit das Gesicht in der Menge, wenn die Abschlussentscheidung fällt.

Die Bank kennt man eher nicht, dafür ist das Produkt gut etabliert im Relevant Set. Den Easy Credit gibt es in Deutschland und – als „der faire Credit" – in Österreich, online und telefonisch und bei Volks- und Raiffeisenbanken. Deren Berater können ihn anbieten, müssen aber nicht. Sie sind da draußen – neben den potenziellen Kreditnehmern, die auch zur Diba, Targobank, Sparkasse gehen können – eine zweite Zielgruppe. Die

Vertriebler besuchen sie im Mini ihrer Wahl, es gibt ihn in sechs mehr als auffälligen Designs, die „Fairness" künstlerisch interpretieren. Ganz wichtig: viel privat fahren. Und dann kommt es trotz allem Bemühen vor, dass ein Außendienstkollege bei Mc Drive ist, und man spricht ihn gar nicht an auf die coole Werbung, die er da spazieren fährt. Er berichtet im turnusmäßigen Markenbotschafter-Austausch ganz enttäuscht davon. Mit den 1.000 anderen Mitarbeitern bildet er die Zielgruppe da drinnen. Die Art, wie sie wirklich beraten und verkaufen, wahrgenommen als ehrbare Kaufleute, macht den Ratenkredit im Easy Credit Style noch populärer, gewinnt noch mehr Kunden und steigert weiter die Bilanzsumme. Beide Kennzahlen wachsen kontinuierlich und sorgen für den guten Vorsprung bei Wahrnehmung und Vertrauensvorschuss. Die Bank ist gut aufgestellt für eine Zeit, die Christian kommen sieht, „in der unsere Konkurrenten auch Paypal oder Amazon heißen oder sich jemand zwischen uns und die Kunden klemmen und Provisionen abgreifen will wie booking.com bei den Hotels".

An einem besonderen Montag kommen 600 Mitarbeiter in das neue Gebäude. Zuvor unternehmen sie „Learning Journeys" in neue Arbeitswelten, die ihnen Vorbehalte vor dem nehmen, was man Urban Space nennt – Arbeiten ohne Bürotüren. Sie erfahren das Haus, bevor es entsteht, und wählen die Möbel mit aus. Die emotionale Reise in diese neue berufliche Heimat ist ein heißer Ritt: kein Zweierbüro, kein Schreibtisch mit den Kind-und-Kegel-Fotos. Für jeden nur noch eine „Homezone", das Basislager mit den Gleichgesinnten der Abteilung. Hier arbeitet er, wo gerade Platz ist, oder er schwärmt aus, je nach Tagesform, Laune und Verabredung mit Kollegen, in den Winkel seiner Wahl. Für ambulante Meetings gibt es die Holztische in den Gängen, fürs stille Arbeiten das Dschungelzimmer und die Bibliothek, die Glasboxen fürs Telefonieren in Ruhe, den Raum mit den Massagesesseln und die Laufbänder, auf denen man beim entschlossenen Gehen, das

Notebook vor der Nase, einfach weitermacht. Es gibt den Kicker und das umgebaute Mini Cabrio mit der Playstation, mitten auf der Etage, den mobilen Friseur und den Eiermann, der auch Fisch bringt, und die Fashion-Linie „Easy Chic" mit den Hemden, bei denen ein Knopf in Signalorange ist. Das sind die kleinen großen Details, die den Schrittmacher zum Schrittmacher machen.

Hier arbeiten alle weiter daran, dass alles noch einfacher wird. „Der Kunde hat mit den wenigen Angaben, die wir brauchen, in wenigen Sekunden eine Entscheidung. Ja oder nein, aber in keinem Fall ‚Kommt drauf an'." Er muss keine Angabe zweimal machen, wenn er zwischen den Kommunikationskanälen wechselt. Und er verwaltet den Kredit selbst, was Datenänderung, Stundung und Verlängerung angeht. Da geht aber noch mehr: Einmal im Jahr ist das, was man in Christians Ressort „Vorstandsgrillen" nennt, ohne Fleisch und mit viel Beef. Da nehmen ihn die Teams in die Zangen. Warum das eine immer noch so sein muss und das andere nicht längst ganz anders ist? Das Ziel über allem ist, immer noch besser nachvollziehen zu können, weshalb man „EasyCredit" eigentlich zusammenschreibt mit diesem „Kissing Effect" – weil hier „einfach" und „Kredit" halt unzertrennlich sind wie nur irgendwas.

„Die Marke ist für uns der innere Fixstern. Er gibt bei all dem Wandel die Orientierung." Christian sagt, dass sie nicht nur bei dem anleitet, was man tut, sondern vor allem auch bei dem, was man lässt: „Wir holen den Ratenkredit aus der Schmuddelecke raus und sprechen ganz offen und selbstverständlich drüber." Dafür ist Easy Credit bei Check24 ausgestiegen. Das passt nicht zur Identität, weil es auf Vergleichsportalen nur um den kurzfristig günstigsten Preis geht und andere wichtige Faktoren wie Transparenz und Verständlichkeit, Service und Sicherheit weggeblendet werden. „Der Mensch kauft ein Auto nicht nach dem Motto ‚200 PS, zeig mir das billigste!'. Einen Kredit erst recht nicht, und wenn doch, muss die billigste Bank den Profit über ganz andere Maßnahmen reinholen als über die, die sie dem Kunden versprochen hat." Dafür schafft Easy Credit auch als einer der Ersten die Bearbeitungsgebühren ab. Und man ist nicht mehr mit dem Slogan „Das kann ich auch" und dem Faktor Neid auf das unterwegs, was der Nachbar hat. Der Slogan heißt jetzt „Einfach. Fair", abgeleitet aus dem Markenkern – Fairness.

Damit das kompromissfrei rüberkommt, hat der Gralshüter der Marke, Philipp Stracke, mit seiner Abteilung Markenführung 150 Markenkontaktpunkte definiert. Er ist zuständig fürs optimale Verhalten in all den Kontaktmomenten der Wahrheit in dem Sinne, dass der Interessent erst Kunde wird, dann gern Kunde ist und schließlich in der wichtigsten und kostengünstigsten Neugeschäftsdisziplin ganz vorn dabei ist – der Weiterempfehlung. Philipp macht das Kontaktpunktmanagement mit etwa 50 Markenbotschaftern. Sie schulen neue Kollegen in Bezug auf die Identität und verfeinern in ihren Teams das Marke-Leben immer weiter. Dabei kommt es drauf an, was der Einzelne draus macht: Es gibt keine Textversatzstücke für die Telefonie, und niemand wird dazu angehalten, so oft wie möglich das Wort „fair" in den Gesprächsverlauf einzupflegen. Vielmehr zählt der Mensch und seine Human Brand und was er bei jedem Vorgang dazu beiträgt, dass die Vision wahr wird. Auch mit echten Postkarten, die ihn nahbar und anfassbar machen, eine Idee aus der Zukunftswerkstatt: Es gibt sie fürs Danke- und fürs Sorry-Sagen, zum Umzug und für die gute Besserung und einfach so. Jeder entscheidet selbst, ob und wann er eine schickt, geschrieben wird sie immer von Hand.

Jetzt ist die Zeit bei Easy Credit, in der die Markenbotschafter zu Markenmanagern werden. Dann sind sie nicht mehr nur Sender, sondern auch Empfänger, mit Rückkanal zu Philipp und Christian. „Das ist der nächste logische Schritt", sagt Christian, „dann sind sie umso mehr eigenverantwortliche Themenvorantreiber." Sie arbeiten jetzt schon mit, wenn die Markenkontaktpunkte einmal im Jahr auditiert und die Erlebnisse dort immer weiter verbessert werden. Und sie finden viel Gefallen daran, dass neue Kollegen, die bald anfangen, die persönliche Karte ihrer zukünftigen Führungskraft und das persönliche Video des Vorstands geschickt bekommen. „Das schließt die Lücke bis zum ersten Tag", und damit sinkt das Risiko, dass der Neue sich kurz vor dem Start anders entscheidet. So geht der Kampf um die Talente, mit denen easy und fair sein im Ratenkredit erst möglich wird, immer wieder gut aus für eine Teambank, deren Anspruch es ist, als Benchmarke vorauszugehen.

DIE BENCHMARKE ...

IST NACHHALTIG

- Substanzielles Handeln mit beständigen Ergebnissen zieht sich durch alle Bereiche. Es geht nicht nur um Ökologie.
- Marke und Nachhaltigkeit haben viel gemeinsam und bedingen einander. Das eine kann nicht ohne das andere.
- Auch Andersartigkeit, Begehrlichkeit, Exklusivität können nachhaltig sein. Sie müssen es sogar sein, damit das Unternehmen fortbesteht.

„On" ist eine Erfolgsgeschichte made in Zürich, David gegen Goliath im neuen Gewand. 2009 geben Olivier Bernhard, Caspar Coppetti und David Allemann ihre gut bezahlten Jobs auf, um die Laufschuhmarke auf den Markt zu bringen. Einer erholt sich gerade von der Karriere als Weltklasse-Triathlet und mehrfacher Ironman-Gewinner, einer sitzt in der Geschäftsführung der größten Werbeagentur der Schweiz, einer ist Marketeer in der Industrie. Das Produkt: ein Laufschuh für Profis, bei dem die Sohle aus „Clouds" besteht, breiten Gummiröllchen, die an die Saugnäpfe beim Tintenfisch erinnern. Vorteil dieser neuartigen Konstruktion: Die Clouds fangen harte Stöße beim Landen ab und führen den Läufer nach dem Ende des Federwegs proaktiv in die nächste Vorwärtsbewegung. „Sanft landen und hart abstoßen" ist die Devise; das macht schneller und spart Kraft, außerdem schont es die Gelenke. Wenn sich Leistungsstärke und Bequemlichkeit verbinden lassen, freut das den ambitionierten Hobbysportler wie den Profi. Man soll wie auf Wolken laufen – „Run on clouds".

Warum zum Henkel seh ich die jetzt überall und für teures Geld? Da schafft es ein kleiner Aufständischer, den Krieg der großen Etablierten um die Aufmerksamkeit am Regal zu gewinnen. Respekt!

Ein Schweizer Ingenieur entwickelt die Sohle: Aus Verzweiflung über ständige Schmerzen beim Laufen greift er zur Schere, zerschneidet einen Gartenschlauch in gleich große Teile und beklebt damit einen glatt besohlten Schuh. Der erste Test überzeugt, und dem hausgemachten Prototyp folgt das in Asien industriell gefertigte Muster. Der Rest ist feinste Markengeschichte: Olivier Bernhard ist vom Laufgefühl begeistert. Gemeinsam mit den anderen stürzt er sich ins Wagnis des Unternehmertums und gründet die On AG. Ziel: die Platzhirsche Nike und Asics im 15-Milliarden-Dollar-Markt für Laufschuhe das Fürchten lehren. Der Name kommt von begeisterten Testpersonen, die sich nach dem ersten Tragen der Schuhe wie angeknipst fühlten, wie in der On-Stellung eines Lichtschalters. Auf der Ispo, der größten Sportartikelmesse der Welt, gewann On 2011 den Brandnew Award. Das größte Lob steuerte der in

Adidas haben die gar nicht auf dem Radar? Das wäre mir an deren Stelle nicht recht.

Calgary lehrende Biomechanik-Professor Benno Nigg bei. Er bescheinigt den Jungunternehmern, „etwas wirklich Einzigartiges geschaffen" zu haben.

2014 verkauft On über 300.000 Paar Schuhe in 25 Ländern. Der Garant für diesen Erfolg ist der Nachdruck, mit dem die Markenpositionierung gelebt und weiterentwickelt wird. On produziert Hochleistungs-Laufschuhe. Als Vertriebskanäle kommen deshalb neben der Website nur ausgewiesene Fachhändler infrage. Karstadt Sports, Sportarena und all die anderen Schnelldreher mit abgefeierten studentischen Beratern am Regal gehen leer aus, eurooptimierte Onlinerampen sowieso. Als Markenbotschafter fungieren Weltklassesportler, die die Schuhe bekommen, aber fürs Tragen nicht bezahlt werden; dafür ist das Budget noch nicht da. Die Stars sind einfach von den Laufeigenschaften begeistert. Ebenfalls bestehen die On-Gründer darauf, dass jeder interessierte Händler den Schuh erst testet, bevor man über die Konditionen einer möglichen Listung spricht. „Ich war nie fitter als in meiner On-Zeit", sagt Entrepreneur Coppetti. Wer Sportartikel verkauft, muss selbst sportlich sein und wissen, wovon er redet. Ähnlich verhält es sich bei den eigenen Mitarbeitern. Man ist aufrichtig sportbegeistert und schart entsprechende Leute um sich. Wer schon in den frühen Dreißigern statt der Andeutung eines Sixpacks ein biergeformtes Onepack vor sich herschiebt, ist hier falsch.

Wie geil ist das denn? Echt und glaubwürdig, feines Storytelling und fast zu schön, um wahr zu sein.

Diese Haltung schafft Vertrauen und die Basis für Wachstum. Dafür setzt man sich klare Leitplanken. Mit dem ansprechenden Design bringen On-Schuhe zwar auch einen gewissen Lifestyle in die stark technologiegetriebene Laufschuhwelt, doch zum ausgesprochenen Lifestyle-Produkt wie Puma möchte man nicht gestempelt werden. Das passt nicht zur Kernzielgruppe. Die will nicht schön, sie will funktional, und das soll gut aussehen; nicht umgekehrt. Aus diesem Grund verzichtet man auf die so

Das tut Puma ja auch nicht gut. Die haben den Bogen überspannt, und man weiß jetzt gar nicht mehr, wofür sie stehen.

verlockende gezielte Ansprache des Marktes für Berufsschuhe. Wie toll und umsatzstark wäre es, wenn Briefträger, Krankenschwestern und Verkäufer die bequemen Schuhe tragen würden? Ons sind bei denen zwar gern gesehen. Eine regelrechte Kampagne, die sie als Arbeitsschuhe inszenieren, gibt es aber nicht. Positionieren wir unser Produkt als Lösung für Spitzensportler oder für Stationsärzte? Beides geht nicht. Bei On hat man sich entschieden. Auch das ist nachhaltig – im Sinne der Markenführung.

Einer schöne Vorstellung, so eine fancy Alternative zu den Birkenstocks.

Dass dieser Gedanke nicht nur hinter jedem Markenauftritt stehen sollte, sondern aktiver Bestandteil der Positionierung sein kann, sieht man an B. Braun. Das Pharma- und Medizinbedarfsunternehmen aus Melsungen mit Produkten für Anästhesie, Intensivmedizin, Kardiologie und Chirurgie gehört zu den weltweit größten Lieferanten für Krankenhausbedarf. 54.000 Mitarbeiter, 5,5 Milliarden Euro Umsatz. Mit der „Braunüle", im Volksmund bekannt als „Zugang", hat man seit der Markteinführung 1962 bei Ärzten und Krankenschwestern einen Gattungsbegriff für Venenverweilkanülen geschaffen. Hier zeigt sich, was über 170 Jahre stringent gelebte Tradition und Kernkompetenz leisten: Ludwig Georg Braun, der langjährige CEO, baut die Firma seit den Siebzigerjahren zum Weltkonzern auf. Seine Kinder Anna Maria und Otto Philipp sind bereits in Toppositionen, weitere Mitglieder der Familie an zentralen Stellen. Die Weiterführung der Familientradition ist gesichert – und damit das Weiterleben der Marken-DNA.

Vor allem ist die Verantwortung klar. In guten wie in schlechten Zeiten liegt sie bei den Herrschaften Braun. Kein Kunstname, echte Menschen. Das schafft das Vertrauen.

Die Tatsache, dass man im Gegensatz zu seinen großen Wettbewerbern die Attribute „Made in Germany" und das besonders seltene „im Familienbesitz" für sich beanspruchen kann, bildet das Fundament der Positionierung. Man ist etwas kleiner als die großen Wettbewerber, dafür prägen die Werte der Besitzerfamilie die Kultur des Unternehmens und machen es unverwechselbar. B. Braun positioniert sich als der nachhaltige Gesundheitspartner mit Gesicht und aufrichtigem Interesse am Kunden. Jeder Kunde, so die Philosophie, wird unabhängig von seiner Größe gleichermaßen wertgeschätzt. Er ist keine Nummer bei der IT, sondern erfährt individuelle Beratung und Betreuung, von der Vorkauf- über die Kauf- bis zur Nachkaufphase. Die Botschaft: „Wenn du uns brauchst, sind wir da, und zwar persönlich und nicht über eine nach Bangalore ausgelagerte Telefonierfabrik." Sharing Expertise ist ein klar definierter Anspruch an die eigenen Mitarbeiter – Kompetenz und Know-how immer weiter ausbauen und sie zum Wohle des Kunden mit ihm teilen. Ein hehres Ziel, das sich nur erreichen lässt, wenn sich der Vorstand nachdrücklich dazu bekennt, den entsprechend langen Atem hat und die finanziellen Mittel dafür zur Verfügung stellt. Da hilft es ungemein, wenn man nicht für jede kernprozessferne Investition unzählige Shareholder um Erlaubnis fragen muss.

Nur so geht's. CEOs, die alle drei Jahre weiterziehen, investieren kurzfristig kennzahlenrelevant lieber in die schlanken Prozesse als langfristig kennzahlenrelevant in Positionierung und Identität: „Da hat ja nur mein Nachfolger was davon."

Die verantwortliche Besitzstruktur erlaubt nachhaltigere Investitionen in Innovationen. Es gibt bei B. Braun keine Holding mit Postanschrift auf der Südhalbkugel, die immer nur eins sehen will: Zahlen, und zwar große, in Schwarz. Man ist deshalb nicht in gleichem Maße vom Quartalsbericht getrieben wie der Wettbewerb und kann sich von Zeit zu Zeit inhaltliche Tiefbohrungen erlauben. Muss das auch, zum Verharren lädt diese Positionierung nämlich nicht ein. Der Preis für die Unabhängigkeit ist, dass man weitgehend organisch wachsen muss. Der Zukauf innovativer Start-ups und tragfähiger Basistechnologien, wie man ihn zum Beispiel bei Microsoft mit Skype und Nokia beobachten kann, ist in Melsungen nicht zuletzt aufgrund begrenzter finanzieller Ressourcen nur bedingt möglich. Stattdessen arbeitet man daran, die Unternehmenskultur zu einer Innovationskultur weiterzuentwickeln. Jeder kann und soll zur Innovationskraft beitragen, maßgeblich dafür sind geteilte eigene Ideen und Offenheit für das Feedback der anderen. Das ist Sharing Expertise, intern wie extern.

Die unangefochten besten Vermarktungsprofis in Sachen nachhaltiger Identitätsbildung gibt es gar nicht in der Konzernwelt, wo die üppigen Marketingbudgets verwaltet werden, sondern im Schweizer Kanton Appenzell. Hier stellen gut 60 Dorfkäsereien seit mehr als 700 Jahren nach dem traditionellen Rezept den Appenzeller® Käse her – und zwar nur hier. Ob bei Rewe in Langenwolschendorf oder bei Edeka Bientzle in Sottrum: Der Freund der beständig gepflegten Appenzeller-Qualität kann sich stets sicher sein, dass sein Käse aus nichts anderem als Appenzeller Rohmilch in nichts anderem als dem Appenzeller Bergidyll gemacht wird. Ist diese Herkunft nicht gegeben, muss der Käse anders heißen. Die Exklusivität hat den ganz eigenen Geschmack – und den ganz besonderen Preis. Während Leerdammer eine Kunstmarke ist und weltweit industriell gefertigt wird, müssen beim Appenzeller zu Schweizer Löhnen beschäftigte Käsemeister Hand anlegen, um die Laibe zu wenden und mit der geheimnisvollen Kräutersulz zu pflegen.

Der wird doch nicht „gemacht“, mein Lieber, der wird komponiert – als Symphonie für die Geschmacksnerven.

Kommunikativ auf die Spitze getrieben wird der Kult um Heimat und Rezeptur des Appenzellers in Werbespots, in denen Uwe Ochsenknecht durchaus galant den hochdekorierten Almöhis die Rezeptur entlocken will. „Spitzen Sie ruhig die Ohren. Wir verraten unser Geheimnis nicht“, retournieren die Geheimniskrämer. Das ist die einfache Botschaft, die es heutzutage braucht, wo jeden Tag 14.000 „Kauf mich!“-Botschaften auf jeden von uns einprasseln. Sie ist seit 700 Jahren dieselbe und weiterhin hochrelevant. Vor allem um den explizit regionalen Fokus und den bestgepflegten Kult um die Kräutersulz glaubwürdig zu spielen, beschränkt die SO Appenzeller Käse GmbH die Jahresproduktion freiwillig auf etwa 9.500 Tonnen. Mehr gibt die Region an Ressourcen in der Art, wie man sie braucht, nicht her. Und sonstige mengenfördernde

Wo ist denn da der Brand-fit? Ah, jetzt hab ich's: Der Ochsenknecht fabriziert auch viel Käse.

Machenschaften wären der Anfang vom Ende der so begehrlichen Identität. Darin liegt der Erfolg: Beschränkte Verfügbarkeit schafft Begehrlichkeit. Limited Edition in der Kühltheke. Das ermöglicht das Preispremium und sichert den Fortbestand der Marke. Hier versteht jemand die Grundregeln der Markenführung.

Henkel und Berndt gratulieren. Davon darf's für unsere Buchschreibsemmeln ein bisschen mehr sein an der Bedientheke!

Limitierung – Begehrlichkeit – Preispremium – Markenstärke. So einfach. Diese Formel sichert den Fortbestand der Marke. Nahezu alle Benchmarken vertrauen ihr und setzen sie mit Nachdruck um. Der Tesla Roadster ist ein tolles Auto mit zukunftsweisender Technologie und grandiosen Fahreigenschaften. Die magische Anziehungskraft aber resultiert zu einem guten Teil aus seiner beschränkten Verfügbarkeit, inzwischen nur noch der Gebrauchten. Limit 2.500 Einheiten, gepaart mit dem stolzen Preis. Achtjährige juchzen, wenn auf der Autobahn ein Tesla überholt. Sie erkennen ihn ganz genau und sind morgen die Käufer. (Bei einem BMWi juchzen sie schon etwas leiser.) Tesla fahren ist ein Statement. Kann ihn jeder fahren, ist es damit schnell vorbei. Die Marge kommt hier aus der Marke, nicht aus der Menge. Nespresso ist zwar nicht limitiert, kommt aber so rüber (und hat immer wieder Sorten, die es nur für kurze Zeit gibt). Natürlich ärgern die sich bei Nestlé über die unzähligen Trittbrettfahrer mit Dumpingpreisen. Doch gleichzeitig freuen sie sich hinter der dicken Vorstandstür wie die Schnitzel: Jeder dritte Student träumt gefühlt davon, auf das Original umzusteigen, wenn das erste feste Gehalt rüberwächst. Das Cafissimo-Dings von Tchibo ist nur die Einstiegsdroge, und wenn beizeiten das echte Teil in der Küche steht, werden die Besücher noch mal ganz anders estimiert sein. Das wahre Kaffeeerlebnis ist erst dann, wenn die Kapseln in allen Blitz- und Donnermetallfarben im originalen CitiZ Wall Dispenser zu 30 Euro schimmern und Herr Clooney endlich auch hier ein bisschen der heimliche Mitbewohner ist. Ist halt so, da beißt die Maus keinen Faden ab.

Und beim Opel Ampera fragen sie zart nach, was zur Elektrohölle das sein soll.

Apple macht's noch mal ganz anders mit der Verknappung: Vor dem Store campiert die Early-Adopter-Fraktion, drinnen heißt es „Ausverkauft!", und im Treppenhaus stapeln sich die Kartons mit dem hot shit …

Sehr lange, Herr Berndt, wird Apple sein Preispremium nicht mehr verteidigen können. Von Differenzierung kann da keine Rede mehr sein. Warum dafür Hunderte Euro mehr zahlen als für das Massenprodukt der Konkurrenz mit vergleichbaren Features? Simplicity ist der Markenwert, der Apple groß gemacht hat. Die Geräte lassen sich intuitiv bedienen und werden besonders von Leuten ohne Techie-Attitüde geliebt, vor allem von zahlungskräftigen Senioren. Was aber kommt nach? Die Generations Y und Z sind mit Smartphones aufgewachsen. Denen ist anspruchsvolle Technologie nicht nur nicht fremd, sie können sich ein Leben ohne sie vor allem gar nicht mehr vorstellen. Wenn Apple hier punkten will, braucht es einen weiteren Mehrwert, der auf die Bedürfnisse und den Lifestyle der neuen jungen Leute einzahlt: Sie nabeln sich früh von zu Hause ab, wollen eigenständig sein, zu den Coolen gehören, nicht das gleiche Phone wie Opa haben. Hier wird der neue Generationenkonflikt ausgetragen, und nicht zuletzt deshalb steht bei Jungen jetzt LG hoch im Kurs. Apple kann darauf hoffen, dass die Preissensibilität nicht allzu schnell wächst. Alternativ können sie strategisch über eine zweite Marke oder eine Submarke nachdenken, die die neue Exklusivität für die neuen Käufer birgt. Die Marktmacht und das Geld sind da, aber die Weitsicht und die Nachdrücklichkeit von Tim Cook lassen in Sachen Markenführung krass zu wünschen übrig. Eine Uhr kann es nicht sein.

„Eine Marke kann nicht nachhaltig sein, nur das Unternehmen.“ Die Überzeugungswerker bei Akzente in München beraten Unternehmen in Sachen Nachhaltigkeit und Reporting, viele davon im DAX. Sie sind getrieben davon, dass der Bewusstseins- und Einstellungswandel innen stattfinden muss, damit er außen als glaubwürdig wahrgenommen werden kann. Hipp sehen sie ganz weit vorn, Rewe auch. Sabine Braun ist die Gründerin von Akzente und amüsiert darüber, dass erst ein gebürtiger Franzose kommen muss, damit sich im deutschen Einzelhandel was tut: „In Frankreich zählt das Lebensmittel halt noch was." Alain Caparros, der Chef von Rewe, steht für sie dafür, dass einer es jetzt mal machen muss. Mit Pro Planet hat Rewe genauso wie Penny, Nahkauf und andere Ketten im Konzern eine eigene Linie für nachhaltige Produkte. Das Label kennt man inzwischen, und der Abstrahleffekt auf das Image ist spürbar. Für Braun ist es so konsequent wie erstaunlich, „dass da einer ausgerechnet in einem Markt mit denkbar niedrigen Margen den Paradigmenwechsel herbeiführt". Man kriegt sogar den Eindruck, der meint es ernst. Umso mehr regt sie auf, was bei Lidl abgeht, die besonders laut trommeln: „Die machen es wie C&A und schreiben überall ‚nachhaltig' drauf, sehr platt und unkreativ. Aber der Effekt ist da: Die Leute kaufen den guten Kakao bei Lidl und treiben denen, die sich echt engagieren, Tränen in die Augen." Besonders weil der Begriff Nachhaltigkeit nicht geschützt ist, sehen die, die es auf Dienstleisterseite ernst meinen, diejenigen besonders gern, die es auf Anbieterseite ernst meinen. Ausgerechnet Unilever gehört aus Sicht der Nachhaltigkeitsprofis dazu. Dabei sind das die, denkt man, die mit Dove, Knorr, Langnese und den 400 anderen Brands, die jeder kennt, Marke pur vor allem um des eigenen Geldbeutels willen machen. Der CEO Paul Polman legt schon 2010 einen konkreten Plan dafür vor, wie das weitere Wachstum des Konzerns vom weiteren Verbrauch von Ressourcen entkoppelt wird. Thomas Melde, Co-Chef bei Akzente, wertschätzt diese Motivation und das konkrete Versprechen: „Das kann auch schiefgehen, aber es ist der richtige Weg." Damit es was wird mit dem nachhaltigen Verhaltenswandel, müssen erst einige Große scheitern und den Kleineren dadurch den Mut geben, sich aufzuraffen und es besser zu machen.

Wobei die damit scheitern werden, auch mit der opulenten Werbung, die die Realität ad absurdum führt. Der nächste Lidl-Chef muss ein Caparros sein und den Laden revolutionieren.

So entsteht eine Bewegung, die auf eine ganz andere Bewegung reagiert: „Buying is like voting", sagt der belgische Modedesigner Bruno Pieters, und von den Konsumenten, die so denken und handeln, gibt es immer mehr. Damit ist die Zielgruppe interessant

Viele sagen sogar schon: „Kauft keine Lebensmittel, für die Werbung gemacht wird. Das sind bloß Nahrungsmittel!" Find ich schlüssig.

und groß genug für Unternehmen, die tatsächlich umhandeln oder sich gleich glaubwürdig nachhaltig positioniert gründen. Und die Etablierten, Unbeweglichen müssen aufpassen, nicht abgehängt zu werden. Sabine Braun: „Porsche macht sich noch nicht ausreichend klar, was es in zehn Jahren bedeutet, ein solches Auto zu fahren. Das kann zum Stigma werden." Sie sagt, die Kaufbereitschaft für nachhaltige Produkte steigt jährlich um 5 % bis 10 %. Bald wird derjenige den besseren Ruf haben, der nicht nur von nachhaltigem Handeln redet, sondern wirklich was tut. Dann werden auch solche Experimente anders ausgehen, bei denen man zwei identische Produkte zum selben Preis anbietet, das eine als konventionell und das andere als nachhaltig hergestellt erkennbar, und das konventionelle wird deutlich öfter gewählt, weil das nachhaltige als „zu teuer" wahrgenommen wird. Unternehmen, die dann gut vorbereitet sind, werden eine Nase vorn haben.

DIE BENCHMARKE …

IST SOZIAL

- Unternehmen müssen ganz neu transparent, nahbar und anfassbar werden. Vor allem mit Mitmachern statt Mitarbeitern, die Kunden eine emotionale Heimat bieten.
- Die Mitarbeiter müssen zum Selberdenken und -handeln befähigt werden. Wer viel selbst tun und entscheiden darf, engagiert sich über die Muss-Aktivitäten hinaus.
- Der Kunde entscheidet, was er als soziales Engagement empfindet und was als bloß umsatzfördernde Maßnahme im neuen Kleid.

In einer digitalen Welt, die den Kunden immer mehr vereinsamen lässt, möchten Unternehmen wieder nahbarer werden und soziale Funktionen übernehmen – als Treffpunkt, Ort des Austauschs und Conversation Piece (also das, wovon man gern erzählt). Man will wieder gemocht werden, als echte Love Brand. „Wir möchten die wichtigste Bank unserer Kunden sein", lautet ein Anspruch. Das gilt auch für Supermarkt, Autowerkstatt und Baumarkt. Nur Marken, die geliebt werden, dürfen sich des Vertrauens und der Treue ihrer Kunden erfreuen. Jede Intransparenz, jedes Missverständnis lässt da Fragen aufkommen und weckt Zweifel. Damit das nicht passiert, werden Mitarbeiter mehr denn je inspiriert und infiziert, um sie als aktive überzeugte Mitmacher zu gewinnen. Das nicht mit einem Programm, das der Organisation von oben herab übergestülpt wird, sondern mit orchestrierten Maßnahmen, die jeden Einzelnen involvieren und motivieren. Um sie zu befähigen, werden sie über die Marke informiert und für ihre Relevanz sensibilisiert. Es motiviert zu gelebtem Markenbotschaftertum, und das in einem Lernumfeld, das der Lebenswirklichkeit der Mitarbeiter genauso wie der Kunden entspricht: interaktiv, klassenlos, einfach und mit einer guten Portion Lebensfreude.

Selbstüberschätzung! Ferrero schreibt das sogar auf die Packung und ist mit lovebrands.com unterwegs. Aber ich will die längste Praline der Welt nicht lieben sollen!

Erst rationalisieren sie alles weg und kreieren den Remote-Kunden, und jetzt menschelt es wieder. Klar, dass Kunden da misstrauisch sind.

Markenarbeit ist Miteinander: Die gemeinsame Identität entsteht dann, wenn diejenigen, die sie erst mitentwickeln, sie dann auch vorleben. Deshalb müssen die Verantwortlichen immer an vorderster Front dabei sein. Darüber hinaus macht es Sinn, sich Profis ins Haus zu holen, die ihre Innensicht der Dinge fortwährend ergänzen um die so wichtige Außensicht auf das Unternehmen und die Produkte, den Markt, die Wettbewerber und die Kunden. Sie bringen Fachwissen ins Haus und können als externe Insider unabhängiger und freier empfehlen und handeln, vor allem auch bei der Durchsetzung von erstmal als unpopulär empfundenen Maßnahmen. Im Zusammenspiel gewährleistet das, dass alle notwendigen Dimensionen berücksichtigt werden. Bei der Auswahl von Dienstleistern steht nicht das angewandte Modell, sondern ganz anderes im Vordergrund: neben der nachgewiesenen Kompetenz, der eindeutigen Expertise und der eindrucksstarken Referenz (dabei tut der Kundenmund die wahre Wahrheit kund) vor allem Nase und Bauch. Marke ist nicht Mathematik, deshalb sind die soften Schnittstellen genauso wichtig wie die nackte Kompetenz. Vor allem auch dort, wo es um Einfühlungsvermögen und Wissbegierde, Abstraktionsvermögen und visionäre Einstellung geht; und um die Fähigkeit, über die berühmten Ränder der Teller hinauszuschauen.

Dafür treten Mitarbeiter bei sogenannten Brand Games gegeneinander an. Angelehnt an „Spiel des Wissens“, „Activity“ und ähnlich Involvierendes entwickeln sie Zukunftsvisionen und absolvieren aktivierende Gruppenübungen. Das alles unter Zeitdruck, bei voller Social-Media-Transparenz. Wer ist die kreativste Gruppe, wer weiß am meisten über die Marke, wer hat die besten Ideen? Alle Ergebnisse und die coolsten Workshop- und Teamfotos werden gepostet, um schließlich das Siegerteam zu küren. Es menschelt wieder in der oftmals so nüchternen Unternehmenswelt. Man agiert social, um den sozialen Aspekt in den Vordergrund zu stellen. „I like“, sagen die Mitmacher, und was bei Mitarbeitern funktioniert, geht auch mit Kunden: Beim Spielen erfahren, begreifen, lernen. Geschmacksträger sind der sportliche Wettkampf und der Humor. „Gamification“ sagt die Forschung dazu.

Das kommt leider immer in Wellen: Einmal zählt der Mitarbeiter nichts, dann wieder alles. Ein gesundes Maß an kontinuierlicher Einbindung, Wertschätzung und Befähigung ist optimal.

Nach den Jahren der rationalen Optimierung zeichnet sich mit dem Drang zum Sozialen, Persönlichen und Herzlichen eine regelrechte Bewegung ab: „Show me – don't tell me!“ Nicht lange labern, zeig mir einfach, was du kannst! „Customer Experience“ ist das Schlagwort der Stunde. Es beschreibt all die Bemühungen, mit denen Kunden durch besondere Produkte, Services und verkaufsbegleitende Maßnahmen unvergessliche Markenerlebnisse beschert werden sollen, die ihnen zu Herzen zu gehen. Wir finden diese ewigen Zitate von irgendwelchen alten Philosophen auch doof, aber das hier geht doch, weil es so gut passt: „Das Herz hat seine Gründe, die der Verstand nicht kennt." Blaise Pascal, Allroundtalent, erste Hälfte 17. Jahrhundert, Markenerlebnismacherpionier. Es stimmt: Der Kunde braucht die Kognition, um emotionale Kaufentscheidungen im Nachhinein zu rechtfertigen. Wer emotional stimuliert ist, ist offener für Neues und kauffreudiger. Was US-amerikanische Topmarken wie Coca-Cola (vor allem mit den Weihnachtstrucks) und Apple (vor allem mit den bis in die Ritzen gestylten Stores) seit Jahren exzellent verstehen, hat sich bis Europa herumgesprochen: Wer inszeniert, gewinnt. Wenn der Kunde von heute emotional überwältigt wird, klappt's auch mit dem Umsatz.

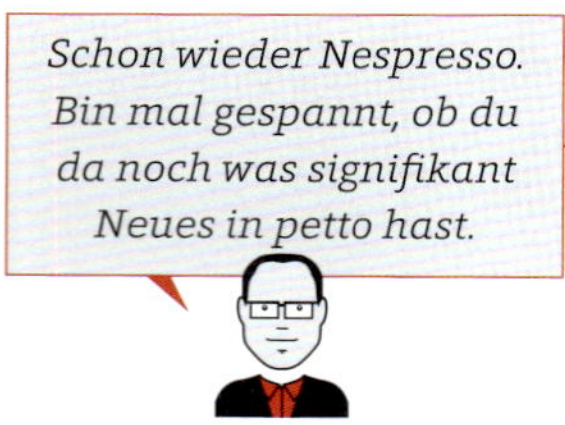

Nespresso lässt sich seine weltweiten Flagship-Stores eine Riesenstange Geld kosten. Sie nennen sie Boutiquen, halt nur für Kaffee, dabei sind sie viel größer als das, was man landläufig darunter versteht: Luxuskaufhäuser in den teuersten Lagen der schönsten Fußgängerzonen dieser Welt, extrem großzügige Ladenflächen, teurer Parkettboden, naturfrohes Personal. Und Nespresso-Kapseln, die ikonenhaft, Kunstwerken gleich inszeniert sind. Für die Miete im Bleicherweg in Zürich, unweit vom Paradeplatz, kriegt man im Gewerbegebiet Oerlikon eine ganze Halle für Millionen Kaffeekapseln. Der Deckungsbeitrag pro Quadratmeter wird nicht extra ausgewiesen – die kopfgesteuerten Controller bei Nestlé würden schreien, aber nicht vor Glück. Man macht es trotzdem so und nicht anders, weil es gar nicht ums Kaffeeverkaufen geht. Sondern um die Inszenierung eines hochattraktiven Lebensgefühls: Nespresso trinken ist zeitgemäßer Eskapismus. Raus aus dem Alltag, rein in die Genießerwelt. Voller Vorfreude geht es im Büro weg von den Akten, rüber in die Kaffeeküche, in die leidenschaftlich geführte Diskussion mit der Bine vom Vertrieb darüber, ob nun die messinghafte Kapsel „Indriya from India" oder doch die stahlblaue „Dharkan" ganz hinten am Gaumen würziger abschließt. Dann der kollektive Freudentaumel, wenn die Cremakrone wieder unsagbar schöner ist als früher mit dem Jura-Vollautomaten. In diesem Stimmungsmodus betritt man die Nespresso-Boutique, lässt die C&A-Tüten fallen und genießt den Anblick Tausender schimmernder Kapseln und ihrer umwerfend daherkommenden Verkäufer. Das MoMA in New York für jeden, für jeden Tag. „What else" braucht man im Leben? Kaffeekonsum als Vehikel für sozialen Austausch und gemeinsame Erlebnisse. Es spricht sich formidabel mit Wildfremden über den optimalen Blend für den bevorstehenden Anlass. Berauscht von der Produktbeschreibung („Im Herzen von Äthiopiens üppiger Landschaft haben die Nespresso-Experten zwei sehr unterschiedliche Arabicas auserlesen, um diesen neuen Pure Origin Grand Cru mit überraschend wilden Noten von Moschus und Holz zu kreieren…"), nimmt man eine Zehnerschachtel hier, eine Zehnerschachtel da, kriegt an der Kasse ohne Aufpreis eine gleichermaßen schöne Papiertasche mit farblich abgestimmter Tragekordel, fährt beschwingt nach Hause und ordert bald online weitere Ware für den täglichen Bedarf. Die Boutique im Netz kommt dem Erlebnis in der Offline-Realität schon erstaunlich nahe. Worum geht es noch mal? Ach ja, um ordinären Kaffee.

Und inszeniert sich selbst auf diesem Catwalk der Eitelkeiten. Das geht hier vortrefflich und es ist ein großer Teil des Erfolgsgeheimnisses.

Advertising goes gaga: Welche Kapsel geben die den Textern zum Frühstück, ganz ohne Wasser?

Oder um ordinäre Fleischklopse, bisweilen sogar um Möbel: Ikea versteht es wie kein anderer, immer wieder neue Kontakte zum Kunden aufzubauen, die begeistern und zu Herzen gehen. Wer da samstags aufschlägt, wähnt sich auf dem DLRG-Sommerfest am Baggersee und nicht so sehr auf einer knallhart kalkulierten Werbeverkaufsveranstaltung für Mobilien. Bällebad und Köttbullar, Hotdog und Hüpfburg. Nirgendwo frühstückt es sich mit kleinen Kindern besser als im Ikea-Restaurant: „Gesunde Frukost zum Nachfüllen." Während die Kleinen in der Gummiballzelle sicher verwahrt sind, schultert Mutti 1.000 Teelichter und

Nicht von ungefähr macht das Restaurant eine halbe Stunde früher auf als der Laden selbst. Wer sich schön und günstig verköstigt fühlt, kriegt extreme Kauflaune.

Vati die neuen Benjaminis für den fensterfreien Hobbykeller. Der Preis? Wird schon passen. Ikea Deutschland macht mit den Restaurants aus Versehen zweieinhalb Mal so viel Umsatz wie mit seinen Sachen im Web. Man weiß nicht, ob sie mit der Frukost profitabel sind. Das ist auch nicht wichtig. Wichtiger ist, dass sich ohne die so begehrenswerte Aussicht, lecker zu essen, die Kinder anständig lange zu verräumen und den Familienausflug gleich mitzuerledigen, signifikant weniger Menschen auf die Autobahn nach Gelb-Blau werfen würden. Gemeinschaftlicher geht es nämlich nicht, bei einem solchen Ausflug ist für alle was dabei.

Auch Social Branding und Love Branding sind dafür da, Geld zu verdienen. So dominieren emotional ausgedrückte Maßnahmen, denen knallharte, rationale wirtschaftliche Überlegungen zugrunde liegen. Für Rewe-Chef Alain Caparros geht es um nichts Geringeres als den „Kampf um den Kunden". Er möchte Orte schaffen, „die die Menschen lieben wie früher den Marktplatz". An denen sollen sie verweilen, essen, Kaffee trinken, Kontakte knüpfen, sich wohlfühlen. Je länger jemand im Markt bleibt, desto mehr gibt er aus: „Wenn wir unseren Gästen Balsam für die Seele reichen, spielt das Geld, das sie bei uns lassen, nicht mehr die entscheidende Rolle für sie." Das Rewe-Prinzip ist es, den Zeitgeist zu erkennen und ihn sich zunutze zu machen. Die Konsumenten werden über ihre Emotionen an den Laden gebunden und bekommen das durchaus begehrenswerte Gefühl, zur Rewe-Community zu gehören. Da helfen auch das Bekenntnis zu Bio und das verstärkte Engagement für Umwelt und Gesellschaft. Sie sollen klarstellen, dass man hier alles ein bisschen besser macht als die anderen. Vor allem, dass man es ernst meint und dazu steht – mit all dem, was man bewusst tut, und ganz besonders mit dem, was man bewusst nicht tut. Es reicht eben nicht mehr, die Kunden schnell abzufertigen. Und die Treueherzen schwächeln auch.

„Supermarkt and more" nennt Caparros das, ein fein abgestimmter, eindeutig spürbarer und klar nachvollziehbar Mix aus Markthalle und Bistro, Tante Emma und Wochenmarkt, Event und Erlebnis, der sich vor allem gegen die Discounter abgrenzt: „Ganz Rewe ist ein Ideenlabor." Er verkauft jetzt Obst und Gemüse mit Flecken und Dellen; und Karotten und Kartoffeln mit eigenwilligem Aussehen heißen Wunderlinge und sind günstiger. Da versteht endlich jemand: So gehen konkrete Maßnahmen gegen die Wegwerfkultur, und die aufgeweckten Kunden bindet es an die Marke. Um dem Zeitgeist stärker entgegenzukommen, baut Rewe eine neue Kette namens Temma auf: einen Biomarkt im Stadtviertel, der nachhaltiges Essen zu dem macht, was es ist – ganz natürlich. Bevorzugt werden regionale Produkte angeboten. Hier soll nicht nur eingekauft werden, sondern auch gegessen und probiert. Mehr Natürlichkeit, mehr Genuss, mehr persönlicher Service. Ein bisschen wie früher bei Tante Emma, wo der Name herkommt. Leute sucht man unter der Überschrift „Wir suchen Naturtalente!". So geht sozial.

Gut, dass er die Nr. 2 ist. Da hat man einen ordentlichen Rivalen (Edeka) und ein klares Ziel (Nr. 1 werden). Das spornt an.

Aus dem Benchmarkentagebuch

von Henkel & Berndt

„Anschnitt" und „Haargenau" bei Friseuren find ich grusel, grusel – aber dieser Friseur ist 'ne Wucht! (Man beachte das Schatzi mit dem verschluckten Ballon im Logo.)

Grade bei Pudeln habe ich den Verdacht, dass Frauchen und Hund gerne die gleiche Frise tragen. Geschäftsidee: Beide auf einmal drannehmen.

Grüne Coke? Brand-Failure mit Ansage! Wenn die so weitermachen, gibt es den Rabatt bald auf den ganzen Markenwert.

Eine Coke, die gesund aussieht und auch noch so schmeckt, ist keine Coke. Ich kaufe ja auch den Playboy nicht wegen der so gut recherchierten Geschichten.

„WAS MACHT DIE BENCHMARKE, FRAU MÜLLER ?“

(HOTEL CASTELL)

Es gibt so eine hochprofessionelle lässige Art, die ist einfach da: Der Gast kann tun, was er will – und macht das auch. Keiner stört und keiner fühlt sich gestört. Das liegt auch daran, dass nur die mitmachen, die diese Art schätzen und zu denen sie passt. Vor allem liegt es daran, dass das Erlebbare zwar lässig rüberkommt, im Maschinenraum dieser Erscheinung allerdings ganz viel Strategisches, Geplantes, immer wieder Hinterfragtes und Optimiertes dafür getan wird. So entspannt. Man kann diese Art, in schöner Doppeldeutigkeit, als „The fine art of relaxing" bezeichnen. In Zuoz tut das ein Hotel.

St. Moritz kennt jeder. Zuoz muss man kennen wollen, den Ort ein paar Orte davor, irgendwie aus der Zeit gefallen mit seinen Kopfsteinpflastersträßchen und den schön erhaltenen Patrizierhäusern mit den Engadiner Erkern. Vor 20 Jahren hätte man da eher nicht gestoppt – da machte man lieber gleich den Weg nach ganz oben. Wer heute auf der Umgehungsstraße um Zuoz herum weiter Richtung Südwesten bleibt, sollte zumindest mal nach da rechts oben schauen: Da steht der alte Kasten auf dem Berg, am Turm die vier großen Sterne, obendrauf die Schweizer Fahne. Wer doch rechts rausfährt und die paar Serpentinen steil rauf, kommt zu diesem Hotel, das sich so professionell lässig positioniert und wo man den Anspruch hat, die feine Kunst des Erholens zu pflegen. Und wer da drin, nach der blauen Stunde, vorm Kamin schon an den ersten zehn von den netto 984 Seiten „Zauberberg" scheitert, dem kann der Gedanke kommen, dass er das hier ist, der neue Zauberberg. Der Unterschied: Er ist hier mittendrin, kein Roman, alles real. „Der Berg ist seit Jahrhunderten bewohnt, die wissen, warum sie früher hier gebaut haben." Irene Müller, die Direktorin: „Hier ist ein Kraftort."

Am schönsten ist es, wenn ein Hotel gar kein Hotel ist. Oftmals sind die Häuser kettenmäßig identitätsfrei oder leiden an Investitionsstau oder beides, oder sie sind völlig austauschbar ausgestattet mit allem, was Dutzende Cutting-Edge Interior Magazines zum hochgekoksten Massengeschmack erklären: Panoramascheiben, Eames Chairs, Danskina-Teppiche, Poulsen-Lampen, USM-Regale… Manchmal hat man es einfach satt und sehnt sich zurück in die bürgerliche Gaststube, in der ein Fenster ein Fenster ist, ein Stuhl ein Stuhl, ein Teppich ein Teppich, eine Lampe eine Lampe, ein Regal ein Regal.

Die Direktoren des Castells fahren im Urlaub gern nach Vals, nicht in Peter Zumthors Hotel an der Therme. Sie gehen lieber in die Brücke 49: vier Zimmer, eingerichtet und bewirtschaftet von einem Dänen und seiner designerdeutschschweizerischen Frau – und zwar so, dass kein dänisches Design durchkommt. Das ist die Kunst, the fine art of designing. So halten es Irene und Martin Müller im Castell auch. Der Kasten lebt! Es kommt dadurch, dass das Alte weder gepimpt noch neu bespielt noch mit sonstigen poshen Kraftausdrücken interpretiert ist. Sondern es wird, schlicht und wirkungsvoll, ins Zeitgemäße überführt. Das ist klar und offen, prägnant und substanziell. Hier, „auf dem anderen Berg bei St. Moritz", gibt es zum Frühstück keinen Prosecco, dafür die originalen Doppelflügelfenster, kein elektronisches Bedienpanel für die ganzen Leuchten, sondern ein Zimmer, das sehr reduziert möbliert ist, damit es dieser Landschaft nicht die Kraft nimmt. Es gibt die originalen alten Stühle und Sofas, neu bezogen mit etwas ganz Besonderem aus Samt und Brokat; keine Cloches im Speisesaal, dafür ein echtes türkisches Hamam. Und in der Roten Fragezeichenbar von Pipilotti Rist hat es noch eine Flasche vom immer ausverkauften echten Alpwhisk, dem fassgereiften Destillat aus rauchgetrockneten Kastanien. Merkwürdig nur, auch hier haben sie den ganzen Tag über den gleichen Klingklong-Klangteppich wie überall around the world. „Ein Hotel ist so vielschichtig, 100 Dinge, wie ein Puzzle, und jeder wertet die Teile anders", sagt Frau Müller. Alles allen recht machen kann und will man nicht, „schließlich tragen unterschiedliche Menschen auch unterschiedliche Kleidung und fahren unterschiedliche Autos". Das gesamte Bild muss rund sein für den typischen Castell-Gast.

Das alles passt so gut zusammen, weil es im Grunde nicht zusammenpasst. Da haben sich ein paar kundige Menschen übers wahre Sich-zu-Hause-Fühlen Gedanken gemacht, wo vor hundert Jahren die Hautevolee vor der Terrasse Schlittschuh lief. An einem der durchschnittlich 322 Sonnentage, so viele hat St. Moritz. (Zuoz hat bestimmt ein paar weniger, damit die St. Moritzer auch diesen Rekord für sich behalten dürfen.) Heute kommt Bogner aus München und shootet den Sommerkatalog auf der großen Wiese, Marke zu Marke. Weshalb sind die Müllers ausgerechnet hier, wo sie überall in der Schweiz arbeiten könnten? Weil dieser Ort magisch ist, weil er sie inspiriert zum Gastgebersein auf ihre Art. Sicher, die Direktion sollte nicht zu operativ werden, aber die Grenze ziehen sie selbst, gehen morgens und abends herum, er begleitet gern die Weinauswahl, sie tischt von Zeit zu Zeit mit auf. Immer da sein, nahbar, ansprechbar und unaufdringlich: „Was ist das denn für ein Signal, wenn der Gast abreist, und es sind 50 Meter bis zum Auto, und wir greifen zum Telefon und rufen den Pagen? Da packen wir mit an! In dem Moment bin ich das Castell."

Was ist dieser magische Ort für die Chefs genau? „Er hat die ungezwungene Atmosphäre, an einem sehr schönen Ort. Man kommt rein, und die Schwingungen passen. Er ist nicht austauschbar, hat seinen eigenen Stil, nicht steif und abgehoben. Man spürt es einfach, auch bei Bewerbern, ob sie zu uns passen." Es soll nicht allzu klassisch sein, das Moderne, und das Klassische nicht zu modern. Dieses Haus kann nicht überall stehen, nur hier. „Der Gast schätzt, dass man ihn kennt, ohne aufdringlich zu sein. Es sind die kleinen Sachen, die die Seele ausmachen." Und weil die Marke das ist, was andere über sie erzählen, ist der Eindruck der Tourismusdirektorin der Destination Engadin St. Moritz besonders spannend. Ariane Ehrat: „Das Castell ist der Freigeist unter den Hotels, die Bühne für Feriengäste, die mehr als Ferien wollen – Erholung, kulturellen Austausch, Inspiration." Das sind alles starke Markenattribute.

Es gibt einen Rahmen dafür, diese nur unzureichend beschreib- und dafür besonders gut erlebbare lässige Erscheinung für die Mitarbeiter greifbar zu machen. Kurz und knapp, damit sie gut gewappnet sind für ihre ganz persönliche Antwort auf die Frage, was sie beruflich machen: „Ich bin im Castell. Das ist wie ein Hotel, nur ganz anders: So mystisch, mitten in den Bergen. Es ist ein altes Haus und neu gemacht. Da gibt es Zimmer von ganz bekannten Architekten, feine Küche und ein echtes Hamam – aber topmodern designt. Und überall zeitgenössische Kunst, die hat der Besitzer gesammelt. Alles hat Stil. Man darf einfach so sein, wie man ist. Das Castell ist schwer zu beschreiben. Wenn man es erlebt, spürt man, dass das Engadin der schönste Fleck auf der ganzen Welt ist. Da arbeite ich." Der Mitarbeiter als Markenbotschafter. Jeder sagt es, wie er es spürt und wie er ist. Frau Müller: „Wir möchten, dass jeder Mitarbeiter er selbst ist, nicht so uniformiert, wir sind ja keine Armee." Und sie diskutieren es in den Schulungen. Vor allem muss man dieses gewisse Gen haben. Dass die Kollegin von der Rezeption dem Stammgast, der schon lange nicht mehr da war, einfach eine Postkarte schreibt, und dann ruft er an und bucht, gehört zu den Highlights, die man aus Berufung anzettelt. „Trainieren kann man das nur begrenzt, vor allem müssen wir es vorleben."

Wenn der Gast genauso weiterempfiehlt wie der Mitarbeiter, ist das Castell besonders profiliert und gerüstet für die Franken-Stärke und die Frage nach Rabatt: „In schwierigen Zeiten ist es noch wichtiger, dass die Marke stimmt", sagt die Direktorin. „Heute kann man überallhin und bekommt alles zum halben Preis." Auf die Bemerkung eines Anrufers, für den Preis kann er ja ins Fünf-Sterne-Haus, gibt es nur die eine beste Antwort: „Dann empfehle ich Ihnen, das zu tun. Bedenken Sie aber: Sie wohnen dann nicht im Castell." Die Müllers machen beim grundlosen Rabattgeben nicht mit, das ist Gift für die starke Marke. „Wenn ich bei Travel Escapes ein Angebot schalte, habe ich vielleicht fünf Buchungen – und beschädige die Marke." Beides stimmt, in einer Zeit, in der bei 20 Euro Nachlass hörbar durchs Telefon gelächelt wird. Das bringt nicht viel. „Stattdessen muss der Gast einfach hierherwollen!" Wenn er kommt, kriegt er einen echten Zimmerschlüssel, mit dem original Anhänger von Olaf Breuning. (Wer den Fotografen und Videofilmer nicht kennt, lernt ihn hier schätzen.)

Allein die begehrenswerte Identität bringt Anziehungskraft, gerade in der Branche, in der die Produkte nicht klassisch anfassbar, dafür mit allen Sinnen erlebbar sind – Schlafen, Essen, Trinken. Da tut es viel zur Sache, wenn das Personal auf den Gast zugeht, und zwar auf Augenhöhe: aktiv ansprechen, hinhören, nachfragen. Es ist da, wo der Barchef die Geschichte hinter dem Kastanien-Whisky erzählt und die Rezeptionistin dem Mountainbiker in ihrer Freizeit die schönste Route hinterm Haus nicht bloß zeigt, sondern gleich mit ihm losfährt. Keiner sagt ihr das, sie macht es einfach. Und es ist da, wo die Servicekraft die späten Spiegeleier an lokalem Grillgemüse kurzerhand selbst zubereitet; Frühstück ist nämlich eigentlich schon vorbei. Was man im Castell kocht, heißt „regionale Alpenraumküche mit mediterranem Einschlag", Südtirol und das Trentino sind nur ein paar Pässe entfernt. Sie soll ursprünglich sein, „regional, nicht aufgemotzt, mit Liebe gemacht". Also nichts geprocesstes, lieber reduced to the max. Man zeigt hier, wie braisiert und sautiert wird, was eine Kraftbrühe wirklich ist. Meret Bissegger, der Kräuterstar, kommt aus dem Tessin und stellt ihre wilde Pflanzenküche vor. Anschließend sitzen alle am großen Tisch, und die Küche bereitet das Menü mit „Auberginen Imam Bayildi, Zuchetti gefüllt mit Kichererbsen, mit Ricotta gefüllte Peperoni, Safran-Hirsotto". Das ist nur das Hauptgericht; dazu den 2013er Tinello Cantina Kopp von der Krone Visini, ausgewählt aus 350 Positionen. Solche Anlässe mit einem Thema, das alle verbindet, sind Markenzeichen des Hauses. Es geht um die Kultur im Alpenraum, um Essen, Handwerk, Literatur, Musik und Architektur.

Und es geht, vor allem, um die Kunst. Hier steht und hängt nur Zeitgenössisches. Vieles von dem, was man nur im Kunsthaus sieht, überall, einfach so: Kippenberger, Grosse, Signer, Fischli und Weiss, Höller ... – und vor der Tür der besonders zauberbergische Sky Space Piz Utèr von James Turrell, nicht zum Besteigen, zum Reingehen. Frau Müller macht die Führungen. Sie weiß viel, aber nicht alles, manchmal ergänzt eine Kunstgeschichtsstudentin aus dem Publikum. Der Besitzer des Castells, dem die ganze Kunst gehört, ist auch so unterwegs. Hier geht man leichtfüßig damit und mit vielem anderem um, das sonst schnell schwer ist.

Was können andere Hotels vom Castell lernen? Tourismuschefin Ehrat weiß die Antwort: „Dass sie sich genauso spitz positionieren müssen, um erfolgreich zu sein." Stimmt. Nur ganz anders.

DIE BENCHMARKE …

GEHT MIT DER ZEIT

- Nicht nur Produkte und Dienstleistungen, sondern auch die Unternehmenskultur muss dem vielfältigen Wandel entsprechen. Das betrifft auch Mitarbeitergewinnung, Führung und Regeln der Zusammenarbeit.
- Transparenz ist ein kritischer Erfolgsfaktor. Offenheit wird geschätzt, Informationslücken werden abgestraft.
- Wer sich wandelt, muss immer darauf achten, zuerst die Mitarbeiter mitzunehmen. Dann gehen die Kunden auch mit.

Bei Evernote in Redwood City, California, dürfen die Leute so viel Urlaub machen, wie sie wollen. Der Chef legt sogar was drauf: Er schenkt jedem 1.000 Dollar on top, der mindestens eine Woche im Jahr freinimmt. Ganz schön krank kann man das finden, Profitmaximierung schaut doch anders aus! Dabei wird man ganz schön krank, wenn man auf die Dauer keinen Urlaub macht. Und darauf kann man als Arbeitnehmer in Amerika schon kommen, wo es viel weniger Anspruch auf freie Tage gibt als in Europa und die Kündigungsschutzregeln recht elastisch sind. Andererseits: Gibt es nicht genug junge Leute, die auch bei so einem hippen Cloud-Dienstleister in San Mateo County arbeiten wollen, wo man aus ganz viel Bestellpizza und Cola feine Software macht, und die dabei ganz wenig schlafen und ganz vergessen, in die Ferien zu fahren? Bestimmt.

Und wenn man den Urlaub während der Bonusverhandlungen nimmt, kriegt man obendrein noch einen Picknickkoffer.

Was treibt den Boss und die Führungskräfte bei Evernote also um? Es gibt da nicht nur keine Stechuhren und keine Urlaubsreiter auf der Personalakte, sondern auch keine Überstunden und keine „freien Tage". Alles überkommene Bürokratie, die mit der Werkssirene und dem ganzen Papier in den ganzen Leitz-Ordnern gleich mit abgeschafft wurde. Viele amerikanische Unternehmen halten es ähnlich: Den Bossen von Pinterest (die mit der Online-Pinnwand), Zynga (Social Videogames) und Veracode (IT-Sicherheitsdienste) ist auch egal, wann die Arbeit gemacht wird; solange sie gemacht wird. Und der Online-Filmverleiher Netflix hat keine Bekleidungsvorschriften mehr; trotzdem kam noch keiner nackt ins Office. Da können die Leute schon seit 2004 unbegrenzt Urlaubstage nehmen, bei voller Bezahlung. Oder anders: Freie Tage werden einfach nicht mehr gezählt. Dennoch (oder vielleicht ein bisschen gerade deswegen) hat das Unternehmen einen Riesenerfolg, mehr Abonnenten in den USA als der Pay-TV-Riese HBO. Der Online-Börsenberater Motley Fool geht noch weiter: Er schickt Mitarbeiter, die jeden

Da wird Freiheit nur vorgegaukelt. Das ist Leistungsorientierung pur und man arbeitet eher mehr als weniger.

Monat ausgelost werden, in Zwangsurlaub. In den nächsten 30 Tagen müssen sie zwei Wochen Urlaub nehmen. Verschärfte Regeln: In dieser Zeit dürfen sie keine Mails ins Büro schicken und niemanden anrufen.

Da braucht es keine Soziologen. In Deutschland geht nur ein Viertel der Männer in Elternzeit und 77 % von denen nehmen zwei statt bis zu zwölf Monate. Man fürchtet nicht den Jobverlust, sondern das Abstellgleis.

Das klingt alles ziemlich sozialromantisch. Muss es aber nicht sein und ist es in weiten Teilen alles andere als das. Die Soziologen wissen: Wer frei entscheiden kann, nimmt tendenziell weniger Urlaub als mehr. Viele Selbstbestimmte nutzen nicht mal die Tage voll aus, die ihnen gesetzlich zustehen. Es gibt Experimente, bei denen Hotelgäste durchschnittlich mehr für ein Zimmer bezahlen, wenn sie über den Preis frei bestimmen können, als wenn die Raten vorgegeben sind. So ähnlich ist es hier auch. Um die tatsächliche Menge an Freizeit geht es gar nicht, stattdessen um ganz andere wertvolle Effekte: Der Arbeitnehmer fühlt sich wertgeschätzt, in seinem verantwortlichen Beitrag zum Unternehmenserfolg ernst genommen und nicht länger künstlich dumm und klein gehalten. Er ist noch mehr Gestalter und noch weniger Verwalter. Das wollen wir alle gern sein. Es spornt an zu besserer und mehr Performance und verlängert die Verweildauer im Unternehmen. Wenn man als Arbeitgeber bedenkt, dass es weit mehr als nur das Gehalt kostet, einen neuen Mitarbeiter einzuphasen und mit ihm die Lernkurve zu gehen, dazu kommen noch all die Zeit und Kraft und Nerven, ist das mit der Urlaubs-Flatrate ein Mega-Deal. Der kommt selbstredend von Herzen. Man tut seinen Leuten was Gutes, das – ein bisschen Eigennutz hin oder her – ganz besonders fair ist und auch so wahrgenommen wird.

Wenn eine Marke das mit Nachdruck betreibt, ist es ein Schritt in die richtige Richtung. Ein derartiger Kulturwandel braucht Jahre. Deshalb gilt: Überlege dir gut, ob du diesen Weg konsequent einschlagen möchtest.

Zu wissen, dass es da draußen genügend andere hoch motivierte Leute gibt, die auf Kommando trommeln wie die Duracell-Hasen, ist kein Argument dagegen, zu handeln wie bei Evernote. Das Schönste: Es spricht sich so gut über faire Taten. Unternehmen, die sie tun, sind der Talk of the Town in Büchern, auf Karrieremessen und überall im Internet. Das ist Empfehlungsmarketing vom Feinsten, und es findet gern Gehör, wo es heute doch so sehr um zeitgemäßes Angestelltenwesen und – oh ja! – um echte „Work-Life-Balance" geht.

Welche Balance noch mal? Ist Work kein Life, und ist Life keine Work? So eine strikte Trennung ist nicht von gestern, sondern von vorgestern, und ein paar Vordenker sind schon wieder von morgen: Wo die Arbeit aufhört und das Private anfängt, wahlweise umgekehrt, kann bei Evernote keiner mehr sagen. Sie haben diese Balance dorthin geschickt, wo schon der Burnout (das schickere Wort für Ermüdungsdepression) begraben liegt – unter der dicken Phrasendrescherstaubschicht der „Das-haben-wir-aber-noch-nie-so-gemacht"- und der „Das-haben-wir-aber-schon-immer-so-gemacht"-Fraktionen. Leute, die so drauf sind, sind Markenerlebbarmachungs-Verhinderer und müssen raus da aus den Führungsetagen und nie wieder rein. Wie soll ein Unternehmen sonst zur Benchmarke werden?

Die meisten Mitarbeiter wollen die klare Trennung zwischen Work und Life. Es strukturiert den Tag; und mit einer harmonischen Mischung können und wollen nur wenige verantwortungsvoll umgehen.

Sagten sich auch das Bundesarbeitsministerium, Volkswagen und die Telekom. Da dürfen Führungskräfte nur in gut begründeten Ausnahmefällen ihre Leute außerhalb der Kernarbeitszeit am Telefon oder per Mail belästigen. Erst recht darf keiner benachteiligt werden, der sein Handy in der Freizeit aus hat, besagt die Regel aus der Personalabteilung. Ob derjenige, der sein Handy im Schreibtisch lässt, wenn er heim zu Kind und Hund geht, bei der nächsten Beförderungsrunde ebenso gute Karten hat wie all die anderen, die trotz alledem irgendwie immer on sind, ist schwierig auszumachen in Wolfsburg, Bonn und Berlin. Ganz gewiss ist, dass nur motivierte Arbeitnehmer die besten Markenbotschafter sind, die beispielgebende Unternehmen heute brauchen. Und zwar im Berufsleben wie im Privatleben, überall dort, wo sie Kontakt zur Außenwelt haben. Solche Kontaktpunkte gibt es zu Hunderten, vom Kneipentresen bis zum Schützenfest, vom Branchentreff bis zum Online-Fachforum. Die Visitenkarte, gedruckt wie digital, überreicht sich nur mit Verve, wenn derjenige, dessen

Wissen die in Wolfsburg, dass man den abgeschalteten Blackberry-Server mit dem privaten iPhone prima umgehen kann? Wer Work und Life nicht trennt, trennt auch nicht nach privaten und geschäftlichen Telefonaten.

Name draufsteht, im Brustton der Überzeugung sagt, dass sein Laden mit allem handelt außer Saft.

Fairness ist eines der höchsten Güter im Berufsleben. Man kann sie mit Geld nicht kaufen, aber im Geldbeutel macht sie sich bemerkbar, so oder so. Wer seine Leute fair behandelt, den behandeln seine Leute fair. Von Ausnahmen abgesehen; Stinkstiefel gibt es immer und überall, und was die tun, kommt on the long run immer raus. Es wird von dem, was die Redlichen tun, mehr als wettgemacht. Die zahlen den Vertrauensvorschuss mehrfach zurück.

Die guten Dinge laufen lassen, mit mündigen verantwortungsvollen Mitarbeitern an der sehr langen Leine, ist die große Kunst. Wenige beherrschen sie. Wenn es läuft, ist es der Garant dafür, dass die Firma vorn mitspielt. Immer mehr Chefs lernen damit umzugehen, und sie zucken mittlerweile weniger merklich, wenn sich der Kandidat der Wahl einen Tag Homeoffice in der Arbeitswoche ausbedingt. Besser zwei. Marissa Mayer von Yahoo kassiert die laxeste Homeoffice-Regelung aller Zeiten, mit der die Firma so viel Furore macht, zwar eines Tages wieder ein. Aber das hat nichts mit mangelndem Vertrauen in die Loyalität der Mitarbeiter, vielmehr mit veränderten Einstellungen der Geschäftsführung zum korporativen Arbeiten zu tun. Außerdem ist Sunnyvale nicht Sauerland, Suchmaschine ist nicht Flugzeugsitz, und der bevorzugte Zustand der attraktiven fairen Marke ist nicht 0 oder 1. Was bei Yahoo nicht mehr sein soll, kann bei Papendieck & Söhne dauerhaft durch die Decke gehen. Abgesehen davon geht es insgesamt darum, ein Gespür für vertrauensvolles Miteinander auf Augenhöhe zu entwickeln und es mehr und mehr zu leben. Dabei ist es gut, immer mehr von dem zu gestatten, was man sich selbst gestattet. Die Angestellten sind ja nicht unfähiger, unbedachter, unwilliger als der Boss. Vielleicht sind sie bloß zu schlau dafür, sich einen eigenen Laden ans Bein zu binden … Solches Denken

Der Mix macht es. Phasen der persönlichen Begegnung sind genauso wichtig wie die Tage, an denen man zu Hause besonders konzentriert arbeitet.

und Handeln macht viel aus, und für diese Erkenntnis braucht es hier nicht einmal die so oft zitierten Studien über die Arbeitszufriedenheit und den Anteil derer, die innerlich bereits gekündigt haben. Bei Studien fragen wir uns sowieso immer, 1. wer sie beauftragt, 2. wer sie bezahlt und 3. wer sie fälscht.

Wer wirklich und ganz brutal wissen will, wie es um die Stimmung in der Firma bestellt ist, muss nichts anderes tun, als jeden Tag mit ein paar anderen Kollegen zu Mittag zu essen, vorzugsweise mit denen aus Produktion, Poststelle und Pförtnerei. Die sind die Stimmungsseismografen schlechthin, und wenn man ihnen das Gefühl gibt, sie ernst zu nehmen, reden sie frank und frei von der Leber weg. Dann sagen sie, was man draußen so sagt über die Firma, im Volk, am Stammtisch, beim Tengelmann in der Kassenschlange – und nicht nur im Clubhaus nach dem Golfen, wo alles immer so cremig gestreamlined ist, was man sich zwischen zwei sautierten Gambaschwänzen unter dem Siegel unbedingter Verschwiegenheit bedeutungsschwanger zuraunt. Im gemeinen Volk werden die wahren Meinungen gemacht. Sie zählen wirklich und finden den Weg ins Internet, wo der frühere Empfänger gefilterter Botschaften längst gleichzeitig der Sender seiner unverblümten Meinung ist. Hier werden die Fans und die Ablehner gemacht; und wer sich nicht ausreichend informiert fühlt über das, was passiert, und wem obskure Vorgänge nicht gut genug erklärt werden, der holt zum globalen Bashing aus. Das hat ganz schnell so viel Nachhall, dass die Kollegen von der digitalen Öffentlichkeitsarbeitsfront gar nicht mehr dagegen anposten können.

Das persönliche Gespräch als brutalste Form der Meinungsforschung. Als allseits bekannte Führungskraft sollte man Schiebermütze und falschen Bart erwägen, um nicht nur sozial erwünschte Antworten zu bekommen.

Hier helfen soziale Medien, die es Kollegen ermöglichen, die Stimme zu erheben und dabei anonym zu bleiben.

Das ist etwas für die ganz wichtigen Branchen mit ganz besonders niederem Ruf. Sie vor allem sollten es sich zu Herzen nehmen. Sie können etwas für ihr Image tun, indem sie nachvollziehbar machen, welch gute Arbeit sie verrichten und weshalb sie wie viel dafür bekommen. Da kommen die Aufsperrdienste ganz weit vorn. Dem schnaufenden Blaumann mit dem Zahnarztbohrer möchte man gern deutlich machen, dass seine Tarife und vor allem die Zuschläge erklärungsbedürftiger sind, als er denkt. Heutzutage handelt es sich bei seinem Tun gefühlt um noch mehr Wucher als früher. Da brauchte es immerhin ordentlich schweißtreibende Arbeit und Gestöhne, bis die Tür offen und alles kaputt war. Inzwischen gibt es modernes Gerät und ausgefeilte Techniken, und manchmal dauert es nur Sekunden, bis sie offen ist. Das meiste bleibt sogar heil und der Preis für die paar Sekunden seltsam hoch. Die Leute, die uns so schnell wie niemals zuvor Zutritt in das verschaffen, was uns das Allerheiligste ist, haben verschlafen, uns klarzumachen, dass sie für die Lösung bezahlt werden und nicht für die Zeit, die sie dafür brauchen. Niemandem ist es doch lieb, wenn es zwei Stunden guter Laienschauspielerei bedarf, bis der Kater wieder rauskann und Frauchen wieder rein, nur um jetzt die ganz große Hand aufhalten zu können. Der revolutionäre Kommunikationsansatz für den Imagewandel an der Aufmachfront: Je schneller, desto hochpreisiger. Irgendwie klar und obendrein fair: Wer die besten Gerätschaften hat und am besten ausgebildet ist und dadurch am schnellsten, kriegt den besten Lohn. Das ist überaus fair. Man muss es nur so vermitteln.

Und wie ist das bei der Sandstrahl-Infrarot-Zahnreinigung, die bei mir immer die Helferin macht, und zahlen tue ich den Herr-Dr.-Tarif dafür?

Mach's kurz! Am schnellsten und am billigsten: Zweitschlüssel unterm Blumenpott.

Benchmarken legen offen, wie sie kalkulieren und dass es auf die Dauer niemandem hilft, wenn sie die billigsten sind. Dann gehen sie vom Markt und machen ihn nicht mehr, und die verschlossene Tür bleibt zu, zu welchem Preis auch immer. Die Außenspiegelhersteller schaffen die Gratwanderung zwischen zu teuer und zu billig gut: Es gibt weltweit weniger als eine Handvoll ernst zu nehmende, und die haben dem Einkauf von BMW klargemacht, dass es wichtig ist, beim Handeln zu bleiben und das Feilschen zu unterlassen. Sie wissen, dass es nur neue BMWs gibt, solange es die Außenspiegel dafür gibt. Und BMW weiß das auch.

DIE BENCHMARKE ...

IST CROSSMEDIAL

- Volldigital unterwegs sein lohnt nur, wenn die Vernetzung mit der realen Welt hundertprozentig schlüssig und stringent ist.
- Was der Kunde digital sieht und begehrt, will er sofort haben. Wer da erst anrufen oder eine Mail schreiben muss, ist sofort wieder weg.
- In der schlüssigen, eng verzahnten On- und Offline-Kommunikation auf Augenhöhe stecken die Potenziale. Wer ohne Medien- und Kommunikationsbruch agiert, hat die Zukunft.

„So, jetzt zu dir, mein lieber Freund. Weißt du, dass du ein sehr geiler Kollege bist? Was ich dir schon immer mal sagen wollte, ist: Es ist großartig, was du hier ablieferst – teilweise. Was machst du gerade? Ah, du arbeitest. Am Computer. Wow! Übrigens, sehr geiler Computer – und tolle Stifte. Prima! Du bist sehr, sehr geil! Supergeil!" Lobeshymnen irgendwelcher Unternehmen, nicht auf andere, sondern auf sich selbst, gibt es überall. Die meisten gehen schief, weil Marke nicht das ist, was man über sich erzählt, sondern das, was die anderen sich hintenrum über einen erzählen. Bei Edeka klappt es, weil die verstehen, wie es online geht. Die Filmchen mit dem gerade richtig dicken Herrn in den besten Jahren, mit dem skurrilen Look und der uniquen Stimme, sind Kult. Super Vati, super Mutti, super Freund, supergeil! Die Kampagne ist der Meilenstein schlechthin in der digitalen Marketingkommunikation. Friedrich Liechtenstein, seit Jahrzehnten eine feste Größe in der Berliner Elektropop-Szene, ist der Held in den viralen Werbespots, innerhalb eines Jahres werden sie 15 Millionen Mal angeschaut. Keine Zwangsbeschallung übers Werbefernsehen, die Leute gehen freiwillig auf Youtube und suchen ihren Lieblingsclip: Der Liechtenstein tänzelt durch die typischen Alltagsszenerien typischer Kunden und macht vor, wie man Produkte von Edeka richtig konsumiert und dabei Riesenspaß hat. Supersushi mit der Super-Uschi neben Super-Muschi auf der Couch. Der Kontext wird einbezogen und humoristisch überhöht, das verleiht den Spots hohe Relevanz in den Augen der Kunden. Lustig sein allein reicht allerdings nicht. Verstärkt wird der Effekt durch die eingängige Melodie des Supergeil-Songs, die rauchig-tiefe Stimme des Helden und den sehr eigenen, selbstironischen Tanz- und Bewegungsstil. Wer lacht, verinnerlicht die Botschaft: Einkaufen macht so richtig Spaß nur bei Edeka. Sind wir nicht alle ein bisschen supergeil? „Jetzt anschauen und teilen!", steht unter dem Video. Wer sich erwischt und gut unterhalten fühlt, teilt prima Content gern.

Dass er in der Milch badet, ist, so die humorlosen Stinkstiefel, politisch nicht korrekt. Sie nehmen Nivea für die Wanne – und wissen nicht, dass sie in Erdöl baden.

Wer sagt, das Zeug ist doch Asbach, hat recht; online ist Neues von heute morgen schon von vorgestern. Aber es gibt für uns bis auf Weiteres nichts Besseres, um zu verdeutlichen, wie virale Präsenz geht. Dafür braucht es diese Zutaten: kultige, glaubwürdige Protagonisten, eine wirklich starke Story, Relevanz, Humor und Mut. Und zwar in der richtigen Zusammensetzung und der richtigen Dosis. Es geht noch knapper: 1. Relevanz, 2. Relevanz, 3. Relevanz. Wenn die gegeben ist, ist alles andere immanent. Bei Edeka haben sie alle Zutaten, und sie haben sie wohlkomponiert. Wieso ausgerechnet die? Konservativer geht es doch nicht bei der „Einkaufsgenossenschaft der Kolonialwarenhändler im Halleschen Torbezirk zu Berlin", also bei der E.d.K. Friedrich Liechtenstein ist über Nacht heiß wie Frittenfett, der Song geistert durch die viralen Portale und bis ins Radio. Es folgen unendlich viele Auftritte in Talkshows und die breite Medienberichterstattung im In- und Ausland. Immer ganz vorn mit dabei: Edeka. Der Supermarkt profitiert davon, dass Werbung und Redaktion sich so galant vermischen, wo man sonst so vehement auf strikte Trennung achtet. Man ist nicht mehr nur Geschäftspartner über die geschalteten Anzeigen, sondern Inhaltslieferant. In Fachkreisen heißt das, was rauskommt, „Branded Content". Die Zeitungen und Radiosender, wo eineinhalb Praktikanten ganze Ausgaben stemmen, finden das endgeil – und nehmen das Beef mit Kusshand. Content is King! Edeka liefert höchst relevanten Content. Deshalb heißt der King jetzt Edeka!

Wie süß! Darauf achten die schon lange nicht mehr, schon gar nicht vehement. Du kannst dir, selbst bei den arrivierten Qualitätsblättern, bei keiner Botschaft mehr sicher sein, ob nicht jemand dafür bezahlt hat.

Und nicht Rewe. Die schaffen es einfach nicht, an Edeka ranzukommen. Ein „Gedankenleser" im Netz gegen „Supergeil" reicht nicht. Zumal man nicht weiß, was da echt ist und was gefaked.

Einen Schritt weiter geht „Branded Entertainment": Da fühlen sich die Leute blendend unterhalten und merken gar nicht, dass sie Werbebotschaften aufsaugen. Viele Marketingverantwortliche wollen das dringend machen, nur wenigen außer Edeka gelingt es. Am wichtigsten für Edeka: Sie erreichen mit dem innovativen Kommunikationsansatz erstmals konsequent die Zielgruppe zwischen Schule und Beruf. Das sind die, die sich derzeit für Lebensmitteleinzelhandel interessieren wie für Tena Lady. Aber was nicht ist, wird werden, und da ist man bei der frühen Kundenbindung ganz vorn dabei: Irgendwann hören die jungen Leute auf mit Party, sie gründen einen Hausstand, heiraten, kriegen Kinder und fangen an, geregelt gute Sachen einzukaufen. Das tun sie bevorzugt, wo es immer schon so supergeil ist. So das Kalkül, und es geht auf. Die E-Nuggets, kleine Nachfolgefilme für spezielle Zielgruppen, halten den Kessel unter Dampf. Teilen dringend erwünscht: Durch die gezielte Ansprache des supergeilen Kollegen, der supergeilen Mutti des supergeilen Geburtstagskindes entsteht die noch persönlichere Bindung. Die Community hat Spaß und shared den Content, beglückt die Leute im Büro und Verwandte. Der „supergeile Kollege" hat 3,5 Millionen Klicks und dieses eine Wort ist mittlerweile ein geflügeltes, ein Code, der Zugehörigkeit zur Fangemeinde ausdrückt.

Typisch. Kaum hat einer Erfolg, schreien alle anderen nach der Mafo. Mit der vorab hätten die den Zottelbart nie in die Milchwanne gesteckt.

„Nette Kampagne, aber verkauft Edeka dadurch einen ‚sehr geilen Dorsch' mehr?", reagiert die verschnupfte Konkurrenz auf den Kampagnenerfolg aus dem Hause Jung von Matt. Genau ermitteln lässt sich die Auswirkung der Clips auf die Verkaufszahlen nicht. Fest steht aber, dass die Marke durch die kalkulierte orchestrierte Präsenz nicht nur online, sondern auch offline und in den verschiedensten Medien ihre Reichweite und vor allem die Durchdringung besonders relevanter Zielgruppen deutlich erhöht. Man bewegt sich dort, wo die nachwachsenden Zielgruppen unterwegs sind, auf Youtube, Facebook, Instagram … Man liefert Inhalte, nicht nur Fakten. Das Storytelling, äußerst glaubwürdig um den Helden herumgestrickt, wirkt, weil man sich relevante Inhalte, die mit einem starken Plot in starke Geschichten eingewebt sind, besser merkt. Das lädt unwiderstehlich ein zum Interagieren und zum Teilen. Damit gelingt der Sprung ins „Evoked Set" des Kunden. Das ist die Auswahl an Alternativen, die bei ihm unaufgefordert aufpoppen, wenn er an Supermarkt denkt. Er ist so konditioniert, kann dagegen gar nichts tun.

Hui, Herr Kollege, neuer universitärer Kraftausdruck für Altbekanntes. Steigert die Ehrfurcht und den Tagessatz (ich kenn nur „Relevant Set").

Diese Präsenz ist wichtig, insbesondere bei den anvisierten unter 25-Jährigen. Die kaufen nicht nach Plan, sondern ganz impulsiv nach Lust und Laune. Freitags nach dem Ausschlafen zieht man schnell los, bevor die Läden zumachen, und holt die Bruzzzler und Becks Gold für die abendliche Grillage. Dabei geht es nicht darum, welcher Einzelhändler am schnellsten zu erreichen ist, und nicht um jeden Cent. Vielmehr ist schon der Einkauf Teil des Events: Man schlendert durch die lauschigen Gassen des Marktes und lässt sich inspirieren. Es geht um Lifestyle, Selbstausdruck und Spaß. Die Coolen kaufen bei Edeka, alle anderen gehen zu Rewe oder gleich zu Tengelmann. Verstärkt wird der Imageeffekt, wenn die Produkte an die Clips im Web erinnern: „Bio ist übrigens auch sehr geil", sagt der Elektropop-Opa da. Warum nicht mal den Bio-Rotwein nehmen? Kostet 4,59 Euro und nicht wie sonst 2,99 Euro. Dafür gibt's nachher am Lagerfeuer die Lacher von der Crowd kostenlos dazu.

Dennoch: Von der vollständigen digitalen Integration ist Edeka noch Meilen entfernt. Die ist erst so weit, wenn der Kaufimpuls sofort und bequem befriedigt wird: Der geile Dorsch erscheint, man klickt ihn an, und er kommt am selben Tag meerwasserfrisch und mitsamt Zubereitungsempfehlung nach Hause. Abgerechnet wird übers Smartphone, und die Rechnung kommt per Mail. Dies mit einer nachvollziehbaren Bezeichnung des Dokuments. Da gibt es enormes Potenzial. Wer hat schon Bock drauf, irgendeine kryptische Abbuchung dem richtigen gebuchten Flug zuzuordnen? Es könnte alles so einfach, so kundenfreundlich, so begeisternd sein ...

Ich denke nicht, dass es da Gnade geben wird. Helmut Schmidt hat schon 1976 seine Wasserrechnung nicht verstanden.

Über so was denkt man bei Mastercard verschärft nach. „Es gibt Dinge, die kann man nicht kaufen. Für alles andere gibt es Mastercard." Das soll mehr gelten als jemals zuvor: Während des Champions-League-Spiels soll der treue Fan im Stadion seine Begeisterung für den Torschützen dadurch ausleben, dass er im

Freudentaumel das Trikot seines Idols übers Handy ordert. Er zahlt mit der Karte und kriegt es in der Halbzeit an den Platz gebracht. In solchen Momenten ist die Zahlungsbereitschaft unbegrenzt. Bestellvorgang, Lieferung und Abrechnung übernimmt Mastercard, die mit der Bandenwerbung im Stadion ohnehin omnipräsent ist. Mehr Markenerlebnis geht nicht, und wo das ist, ist die Markentreue nicht weit. Die Generation Facebook ist spontan und ungeduldig, Lieferzeiten von 14 Werktagen akzeptiert sie ebenso wenig wie Reaktionszeiten von mehr als fünf Minuten. Die Social Media verändern das Kundenverhalten revolutionär und sie erziehen den neuen Kunden. Wer das verkennt, verliert.

Edeka hat es zumindest realisiert, verhält sich aber inkonsequent. Zwar gibt es eine App, muss ja sein; fragt sich nur, ob sie ihren Zweck erfüllt. Es gibt diese Funktionen: 1. Angebote des Marktes in der Nähe, 2. leckere Rezeptideen zum Kochen und Backen, 3. praktische Einkaufslisten für persönliche Events (man kann seinen eigenen Einkaufszettel anlegen), 4. Neuigkeiten aus der Edeka-Welt, 5. in einigen Städten mobil bezahlen. Das ist nett, aber weder markenkonform noch wirklich nutzenstiftend. Die in der frischen Kommunikation geweckten Erwartungen werden weder sprachlich noch inhaltlich befriedigt. Würde Herr Liechtenstein eine Einkaufsliste für die Schwermetallwochen im Elektropop-Club anlegen? Schreibt die bevorzugte Zielgruppe überhaupt Einkaufslisten oder rockt sie nicht eher ganz ambulant durch die Regale?

> *Da sitzt jemand auf dem Entscheidersessel, der dreißig Jahre älter ist als der Durchschnitts-Social-Seeder in seinem Team. Sich bloß redlich bemühen reicht nicht und ist hochgefährlich.*

Noch mysteriöser: das inhaltliche Angebot. Rezeptideen zum Kochen und Backen sind eine tolle Idee. Wirklich Sinn machen sie aber nur, wenn sie die Möglichkeiten von online ausnutzen und damit das klassische Koch- oder Backbuch ersetzen, man für die gewünschte Anzahl Mitesser eine Mengenliste mit Preisangaben bekommt und die Zutaten gleich bestellen und nach Hause liefern lassen oder abholfertig gerichtet im Laden abholen kann. Sobald ein Medienbruch zwischen Ideengenerierung, Umsetzungsplanung und Umsetzung stattfindet, wird der verwöhnte Digital Native nervös. Das Gleiche gilt für die Funktion „in einigen Städten mobil zahlen". Sobald der Kunde nicht hundertprozentig sicher sein kann, dass es wirklich überall möglich ist, muss er für Plan B Bargeld oder EC-Karte dabeihaben. Innovativ und bequem geht anders. Dabei ist dem informierten Kenner der Materie durchaus bewusst, dass die Edeka-Märkte sich im Besitz selbstständiger Händler befinden, die technische Features wie mobiles Zahlen einrichten können, aber nicht müssen. Dem Kunden ist die Organisationsstruktur jedoch egal. Er kommt mit einer klaren Erwartungshaltung in den Markt, und wenn der Liechtenstein da schon nicht persönlich hinter der Theke steht, soll es wenigstens ansonsten chillen und perlen. Erwartet wird überall diese eine geile Einkaufswelt, die flächendeckende Medien flächendeckend versprechen. Ende der Durchsage. Sonst enttäuscht ab zu Norma.

Wie ganzheitlich crossmedial geht, macht die Tourismusregion Graubünden vor. Sie betreibt digitale Kommunikation, die verkauft. Protagonisten der im deutschsprachigen Raum sehr erfolgreichen Kampagne sind die Steinböcke Gian und Giachen – eine Art Henkel & Berndt im Alpen-Setting. In viralen Clips lästern sie in feinstem Bündnerdütsch über Touristen, die sich mit Top-Ausrüstung die Berge hoch- und wieder runterquälen. Ganz nebenbei machen sie dabei aufmerksam auf die Schönheit der Landschaft und die Möglichkeiten, die die Region zu den verschiedenen Jahreszeiten bietet. Selbstironie als Mittel zur Sympathie- und Fan-Gewinnung. „Karbon statt Kondition", begrinsen die zwei die Radler. Sie trösten Touristen, die die Bündner Sonnenlandschaft wettertechnisch nicht genießen können, indem sie die Kamera anhauchen und durch die beschlagene Linse verkünden: „Hey, Bleichländer, nicht traurig sein. Auch

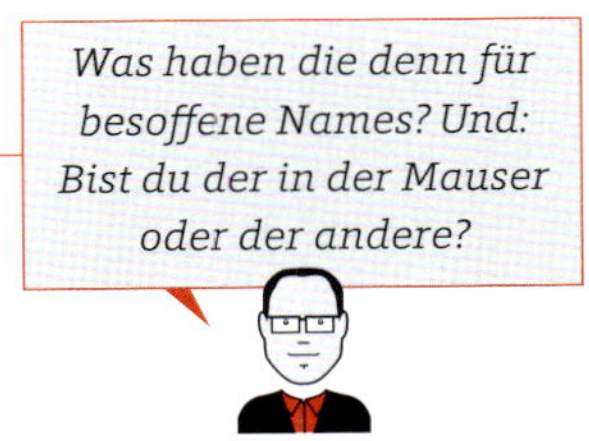

Da sind die Schweizer nicht nur gründlicher, sondern jetzt auch noch schneller als die Deutschen. Schöner Ansporn für alle Zauderer und Verhinderer.

„Kachelbock" finde ich beim Orakel von Google genau ein Mal. Ist das ein professoraler Terminus?

wir haben manchmal Nebel." Für dialektfreie Touristen haben die Clips Untertitel. Das alles ist treffsicher, humorvoll und typisch schweizerisch. Im Gegensatz zu vielen anderen witzigen Kampagnenideen endet die digitale Kommunikation hier nicht mit dem Ende des Videostreams. Vielmehr werden alle Klicker auf die Graubünden-Homepage verlinkt und dort mit weiter gehenden Informationen versorgt. Ferner hat man in Graubünden erkannt, dass insbesondere für Schnellentschlossene die verlässliche Wettervorhersage buchungsentscheidend ist. (Graubünden hat 40 Skigebiete, darunter so begehrte wie Davos, Klosters, Lenzerheide und Flims-Laax.) Die Lösung: Die Kachelböcke. Gian und Giachen sind die Presenter der lustigen Wetter-App. In unzähligen Kurzclips beknottern sie die aktuelle Wetterlage in verschiedenen Schweizer Regionen, nicht nur in Graubünden. Die App bietet außerdem Regenradar, Live-Webcams, eine sehr zuverlässige Prognose und – sensationell! – die passgenauen, sofort buchbaren Reiseangebote. Sie hat mehr als 260.000 Nutzer, Tendenz stark steigend.

Die erfolgsrelevanten Zutaten für eine digitale Marketingstrategie sind schnell zu besorgen. Wenn da nicht noch die Notwendigkeit wäre, sie optimal aufeinander abzustimmen. Für planbaren Erfolg ist es ganz zu Beginn unerlässlich, sich konsequent in den Kunden hineinzuversetzen: „From customer focus to customer's focus". Es genügt nicht, den Kunden aus der Ferne zu verstehen. Vielmehr muss man sich um 180 Grad drehen und die Welt durch seine Augen sehen. Wie lebt er? Welche Themen sind für ihn relevant? Welche Medien und Kommunikationskanäle nutzt er und wie beeinflusst diese Nutzung sein Konsumentenverhalten? Wann hat er Zeit und Muße, sich mit Produktbotschaften auseinanderzusetzen? Linkedin-affine Kunden sprechen eine eigene Sprache und haben Interesse an tendenziell professionellen Inhalten. Das ist eher Kontaktnetzwerk als Content-Plattform. Facebooker nutzen das Medium dagegen eher für private Zwecke und wollen da vor allem Spaß haben. Sie nehmen sich viel Zeit für den Content, kommentieren ihn und weisen ein äußerst aktives und direktes Feedbackverhalten auf. Hierarchien sind tabu; Sigmar Gabriel wird genauso angesprochen wie der alte Schulfreund. Beide kriegen negatives Feedback, wenn sie (beziehungsweise das Team im Hintergrund) nicht zeitnah und mit einem zufriedenstellenden Maß an Individualisierung antworten.

Da hast du als Spezialist für „Customer Insight" mir was voraus. Erstaunlich (und ein bisschen erschreckend), welche Einblicke da möglich sind – wenn man nur will.

Das eine ist ganz anders als das andere. Ist die Zielgruppe bekannt, gilt es die richtigen Kommunikationskanäle auszuwählen und zu besetzen. Dabei ist weniger ganz klar mehr. Es empfiehlt sich, einen Kanal als Hub, als Dreh- und Angelpunkt, zu definieren. Auf diesem sollten Inhalte kontrolliert bereitgestellt und stets aktuell aufbereitet werden. Andere Kanäle dienen dann als Zubringer, sie werden entsprechend statischer genutzt und bedient. Wichtig ist, dass die Verlinkung zwischen allen Kanälen jederzeit auf höchstem Niveau möglich ist. Um diese crossmediale Vernetzung glaubwürdig zu leben, bedarf es medienneutraler Inhalte. Sie zeichnen sich dadurch aus, dass sie bei der Zielgruppe hohe Relevanz haben und auf den verschiedensten On- und Offline-Kanälen spielbar sind. In der digitalen Welt folgt die formale Gestaltung dem Inhalt. Wer auf Anbieterseite immer spontan reagieren muss, kann nicht bei allem erst einen Grafiker hinzuziehen, der das Ganze hübsch macht. Es geht vielmehr um den schnellen treffenden Inhalt, der abgewogen, topaktuell und rechtlich einwandfrei ist.

Wie im richtigen Leben: „Form follows content" ist wie „Form follows function".

Weiterhin wichtig ist, die digitale Diskussion nicht auf den Aspekt intelligente Kommunikation zu reduzieren. Über sie schafft man Interesse und Kontaktpunkte. Dies ist jedoch nur zielführend, wenn jeder Kanal gleich die schlüssige Kaufoption bereithält, zum Beispiel durch einen Link zum konkreten Angebot mit Ad-hoc-Bestell- und Zahlfunktion. Wer Lust auf mehr macht, sie aber nicht

Call-to-Action reicht eben nicht mehr. Die Action an sich ist angesagt, und zwar in Realtime.

sofort befriedigen kann, fliegt runter von der Präferenzliste. Für die Integration von digitalen und analogen Kanälen erfordert das vor allem den Aufbau einer intelligenten Kundendatenbank und die Implementierung eines Systems, mit dem Teile des Verkaufsgesprächs schon von zu Hause aus geführt werden. Das macht noch mehr Appetit. Der Kunde, der daheim drei Stunden lang am Car Configurator an seinem Traumauto gebastelt hat, will beim Händler genau darauf aufsetzen. Wie kriegt der jetzt den Stand der Auswahl auf seinen Rechner, vor dem er den Kunden, möglichst direkt am Wunschfahrzeug, weiter berät? Wie kann er in der Zeit, in der der Kunde zu ihm fährt, schon mal die Probefahrt vorbereiten? Wenn vor Ort alles noch mal eingegeben werden muss, ist die Enttäuschung schnell ganz groß und die Kaufbereitschaft auf einmal wieder ganz klein. Marke erzeugt Emotion. Emotion erzeugt Begehrlichkeit. Begehrlichkeit erzeugt den Wunsch nach Bedürfnisbefriedigung. Wer da nicht mitkann, verliert.

Aus dem Benchmarkentagebuch

von Henkel & Berndt

Ohne Worte. (Der Laden ist in Interlaken, wo die Berge Eiger, Mönch und Jungfrau heißen.)

Die meisten User der Jungfraubahn sind Chinesen. Wie heißt der Satz denn auf Mandarin?

Damit ist alles gesagt. Teure Kunstnamen braucht kein Mensch.

Ich hab noch zwei: Temma (Tante Emma) und Billa (Billiger Laden).

Codex ist für den Fliesenleger, was der Makita-Schrauber für den Elektroinstallateur ist. Echte Profis fühlen sich von Baumarktware beleidigt.

Clever positioniert, toller Slogan: nur für den wirklich exklusiven Zirkel der wählerischen Profi-Plattenleger. Wer will da schon außen vor sein?

„WAS MACHT DIE BENCHMARKE, HERR MEYER ?“

(WERTGRUND IMMOBILIEN)

Bei Wohnimmobilien läuft in Boomzeiten wie diesen doch alles von selbst: Die Ware wird zugeteilt wie beim deutschen Maschinenbau, und Lieferfristen bemessen sich in den gefühlten Jahren, die man mit dem Abfassen leidenschaftlicher Bewerbungsschreiben an chiffregetarnte Verkäufer und Vermieter und bei Sammelbesichtigungen durchorganisierter Makler verbringt. Da brauchen die Marktteilnehmer kein Branding und nur das Mindestmarketing, knappe Meldungen auf Anzeigenfriedhöfen und Portalen reichen völlig aus. Kaufen, aufmotzen, meistbietend vermieten und verkaufen, Profit verbuchen – der Nächste, bitte. Und beim Neubau wird vom Plan weg veräußert und dann erst gebaut. Das ist die mäßige Ausgangslage für diejenigen, die zu Zeiten hoher Nachfrage und geringen Angebots an die Kraft der Identitätsbildung glauben. Für das Gesicht in der Menge, Begehrlichkeit und Preisstabilität … Wenn alles einfach so läuft, treten auch die weiteren Vorzüge der gelebten Marken-Persönlichkeit wie Vertrauensbildung, langfristiges Denken und Handeln und nachhaltiger Umgang mit dem Kunden in den Hintergrund. Stattdessen gilt es, die Gunst der Stunde zu nutzen und zu verkaufen, was geht. An die nächste Abschwungphase, in der die anziehungsstarke Identität die Auswirkungen lindert und das auskömmliche Überleben maßgeblich mit sichert, denken da nur wenige.

Dabei hat die Immobilienwirtschaft grade in ihren Hoch-Zeiten ihr ganz eigenes großes Problem, und für sie ist es alles andere als Luxus: „Es ist aktuell sehr schwer, an bezahlbare Objekte zu kommen“, sagt Thomas Meyer in der Wirtschaftswoche, und spricht damit mäßig gelassen aus, was die Branche plagt. Wenn es welche gibt, sind sie teuer oder gleich unter der Hand weg oder beides. Das ist dann bedrohlich, wenn man vom langfristigen Entwickeln und nicht vom schnellen Kaufen und Verkaufen lebt. Und Investoren gegenüber Verpflichtungen hat, aber in den A-Lagen an nichts Ordentliches rankommt, und in den B- und C-Lagen ebenfalls nicht. Dann kann man schnell Vermögen nur noch verwalten, aber nicht mehr gestalten.

Bei Wertgrund wollen sie schon beim Start 1992 anziehungskräftig unverwechselbar sein. Es gelingt und ist das benchmarkige Paradebeispiel für die so griffige wie trennscharfe wie schlüssige Positionierung. Die einfachste ist oft die beste. Hier fußt sie auf der Überlegung ihres Gründers Georg Thomas, dass der Mensch nicht nicht wohnen kann. Dementsprechend liegt die Spezialisierung auf bezahlbaren Miet- und Kaufwohnungen für untere bis mittlere Einkommen. Adressiert werden daher, ganz wichtig, die typischen Fragen und Probleme dieser Zielgruppe. Die so naheliegende wie besondere Ausrichtung macht das Unternehmen so erfolgreich wie krisenfest – gewohnt wird tatsächlich immer. Seit der Gründung konzentriert man sich ganz stringent auf das, was man besonders gut kann und will, und verschreibt sich ganz der Substanz, ihrer Erhaltung und Weiterentwicklung. „Substanz“ ist der Markenkern, schon immer, bei allem Tun auf einem konservativen, wenig glamourösen Feld: „Wertgrund ist die spezialisierte erste Adresse für Bestands-Wohnimmobilien in Deutschland; sonst für nichts“, steht in der Positionierung. Der Fokus ist sogar noch nischiger, spitzer: Objektankauf und -verkauf, Modernisierung, Vermietung und Verwaltung. Die gesamte Wertschöpfungskette also, nur bei Wohnimmobilien, nur im Bestand, nur in Deutschland. Kein Neubau, kein Gewerbe, kein Ausland, keine Sperenzchen. Spekulieren mit Schnelldrehern sowieso nicht. Auf der Website sind keine Stockbilder und ausschließlich Fotos von echten Wertgrund-Objekten, auch wenn sie mal nicht die schönsten sind. Vorstand Georg Thomas sagt, dass man zu den Objekten steht, die man betreut. Das kann bei Wertgrund nur so sein.

So verstehen sie substanzielles Wirtschaften, unaufgeregt und sehr geduldig, im Sinne von „langfristig gewinnbringenden Kapitalanlagen für Investoren und dauerhafter Sicherheit und Wohnqualität für Eigentümer und Mieter". Das steht im „Reason-to-Believe", als Teil der Positionierung. Dabei reden sie viel lieber deutsch: Meyer fühlt sich bestätigt, wenn nach einem Termin positive Rückmeldung auch dafür kommt, dass da auf Initiative seiner Leute statt gebrainstormter Major Assets mit To-dos an den Painpoints engagiert diskutierte kritische Punkte zu klaren Schritten und Arbeitsaufträgen für alle geführt haben. „Benchmarke" sein ist schön, aber schon zu englisch.

In Starnberg steht die alte Villa, hübsch gemacht und belebt, unprätentiös, Maximilianstraße, ohne Seeblick. Es gibt knarzende Treppenstufen und weiße Möbel von USM, manche Teile auch in Gelb, das setzt Akzente, und zeitgenössische Kunst aus Leipzig, von der Galerie in der alten Baumwollspinnerei. Von hier aus bewirtschaften sie die Immobilienfonds, suchen, prüfen und bewerten. Das ist langwierig, und es braucht den breiten Buckel, wenn sich ein ausgewähltes Objekt nach langem Kümmern doch als ungeeignet erweist, um Anlegergelder optimal arbeiten zu lassen. Oder es passt wirklich alles, und dann kommt doch ein anderer zum Zug. Da ist sie dann wieder, diese merkwürdige Situation: Anleger avisieren große Summen für die Fonds, aber die guten Objekte sind kaum mehr zu bekommen. Der besonders erfolgreiche Wertgrund Wohnselect D, bisherige Rendite um die 5 % im Jahr, nimmt über längere Zeit gar keine Gelder mehr an; niemand würde etwas davon haben. Die Zielgröße des Portfolios, wenn es der Markt denn hergibt, liegt hier bei 4.000 bis 5.000 Einheiten an fünf bis sieben deutschen Standorten. Da ist zwar noch Luft, aber weiterhin kein Grund für hastiges Akquirieren. Die Angebotslage kann gar nicht angespannt genug sein, um jetzt doch schlechtere Standorte oder Gewerbeobjekte zu erwägen. Es passt einfach nicht zur Positionierung. „Nein sagen ist für Immobilienfonds heute wichtiger denn je", sagt Thomas Meyer der Immobilien-Zeitung. Da hat er recht, vor allem auch was die gelebte substanziell profilierte Marke Wertgrund angeht.

Die gesamte Gruppe hat gut 100 Mitarbeiter, und die tun an sehr unterschiedlichen Standorten sehr Unterschiedliches: Von Starnberg aus reisen sie nach Frankfurt, Amsterdam und London, in die Etagen ganz weit oben. Immer dreht sich alles nur um Wohnimmobilien, nur in Deutschland. Und im hessischen Rödermark sitzen im Gewerbegebiet Georg Thomas und Felix Wegeler, die Vorstände zwei und drei, mit dem größeren Teil der Belegschaft, zwischen Marmor Weber und Auto Himmelreich. Von hier aus vermieten, verwalten und renovieren sie all das, was Starnberg akquiriert. Ihre Ziele heißen Mörfelden-Walldorf, Bonn-Bad Godesberg, Berlin-Pankow. In den Wohnanlagen dort geht es auf Etage 0 bis 5, manchmal noch etwas weiter rauf, und um die großen und die kleinen Dinge, die den lieben langen Tag so anfallen, wenn gemeinschaftliches Eigentum gut gepflegt sein soll.

Mit Rödermark und Starnberg gibt es also zwei Welten mit zwei Kulturen bei Wertgrund – und die Herausforderung, dass alle sich wie eine Firma fühlen. Dafür fahren die Rödermarker mehrtägig nach Starnberg, im Jahr drauf dann umgekehrt. Regelrechte Markenverhaltensschulungen geben die Führungskräfte nicht. Herr Thomas sagt, sie leben lieber einfach vor, wie Wertgrund tickt und was es ausmacht, dass man ein Gesicht in der Menge hat. Und was steckt da drin für alle, Herr Meyer? „Substanz erhalten, in die Tiefe gehen, auf die Details achten … Unsere Mitarbeiter sind definitiv Markenbotschafter, bis hin zu denen, die vor Ort die Vermietung machen." Das sogar, ist er sich sicher, ganz ohne Storytelling, was sonst in aller Munde ist: „Wir sind eher langweilig und konservativ und deshalb auch nicht gut im Geschichtenerzählen – aber bei den Fakten!"

Sie schaffen sie und sorgen auf diese Weise dafür, dass andere davon erzählen. Das ist wichtiger, von sich selbst kann man einiges behaupten. Als Wertgrund ein heruntergekommenes Objekt in Bergisch Gladbach übernimmt und gleich grundlegend saniert, titelt die Kölnische Rundschau „Wilhelmshöhe glänzt wie neu" und schreibt: „Was bei öffentlichen Bauvorhaben so selten ist wie eine Schneeflocke im August, ist Wertgrund mit der Sanierung gelungen." Der Vorbesitzer hat immer bloß angekündigt, Wertgrund hat geliefert. Damit ist auch der Leerstand von 25 % auf fast null gesunken. Sätze wie Samt und Seide, die auch die Mieter freuen, weil sich jetzt alle wieder wohlfühlen und auch der verwahrloste Bolzplatz wieder bespielbar ist. Thomas Meyer schätzt, was solche Wahrnehmungen zur Identitätsbildung beitragen, und sieht das auch hier faktisch-realistisch: „Im Wohnimmobilienbereich hat es noch kein Unternehmen geschafft, eine Marke aufzubauen. Man sagt noch nicht, ich will bei der Firma Wertgrund wohnen, weil die so cool sind, die tollsten und besten Wohnungen haben und die Mieter so gut betreuen." Sie arbeiten daran. Dabei achten sie auf die Details. Vor allem auch darauf, bei den Mietern genauso wertig rüberzukommen wie bei den Investoren, aber anders: Das blaue W auf dem Briefbogen der Starnberger AG gibt es auch in Rödermark in der Verwaltung, aber da ist das Logo nicht geprägt.

Was bleibt, ist die angespannte Situation im Ankaufmarkt. Viel geht mit viel Geld, aber das geht schnell zulasten der Rendite. Wertgrund will nicht der beste Zahler sein, sondern der beste Käufer. Deshalb empfiehlt man sich nicht nur als finanzstarker, sondern auch als offener, vertrauenswürdiger und verlässlicher Partner. In Zeiten, in denen viele Marktteilnehmer kommen und gehen, sind das die gefühlten Kennzahlen. Es gibt Menschen, die schätzen sie inzwischen wie die rationalen, weil ein solcher Partner auch für vieles von dem sorgt, was geistige Entlastung verspricht: Das gesprochene Wort gilt; eine Zusage ist eine Zusage; es wird weniger gesagt und mehr getan; es gibt eine Rundum-Lösung statt vieler kleiner Probleme. Dafür tritt Wertgrund an, und sie tun viel dafür, dass eines Tages nicht nur der Fondsinvestor gezielt etwas von Wertgrund will, sondern auch noch mehr Eigentümer gezielt an Wertgrund verkaufen. Und dass dann der Mieter tatsächlich stolz drauf ist, ein Auto von BMW zu fahren, mit der TUI in Urlaub zu fliegen – und in einer Wohnung von Wertgrund zu wohnen.

DIE BENCHMARKE …

HAT STARKE BOTSCHAFTER

- Produkte und Dienstleistungen sind austauschbar. Den Unterschied bei ihrer Wahrnehmung machen die Menschen.
- Wer seine Mitarbeiter nicht wertschätzt, darf von ihnen keine Wertschätzung dem Kunden gegenüber erwarten.
- Mitarbeitermotivation entsteht durch Wissen und Identifikation und die Befähigung, die Marke im eigenen Arbeitsumfeld zu leben.

Bei der Bahn sind alle gleich zur Stelle mit dem Hohn: Personen im Gleis, Schaden am Triebfahrzeug, langsamer Zug voraus, Personenschaden, Überholvorgang, Ankunftsgleis besetzt ... Es gibt immer einen formidablen Grund zum Meckern. Bahnbashing ist klassenlos, unverfänglich und äußerst integrativ. Darüber werden, bevor man schließlich auseinandergeht („Der Ausstieg befindet sich in Fahrtrichtung rechts"), Bekanntschaften fürs Leben begründet und Visitenkarten getauscht. Dabei war die Bahn schon immer ziemlich gut, und sie wird immer besser. Nur, man spürt es nicht. Weil dieses eine Versprechen, das die Bahn macht und meist nicht hält, alle positiven Erfahrungen überlagert: die Pünktlichkeit. Sie kann es gar nicht halten. Das System ist viel zu komplex dafür, die Ankunft auf die Minute vorherzusagen. Wir sagen: Hört auf damit! Sagt lieber „Abfahrt circa sieben Uhr dreißig" und „Ankunft gegen zwölf Uhr zehn". Wir alle sind derart verdorben von der unerbetenen Erziehung zur übermäßigen Pünktlichkeit, dass es beim Bahnfahren ein einziges Gehetze ist. Die Rollkoffer fliegen tief, und alle sind permanent auf den Felgen unterwegs. Warum nur? Die Einführung ungefährer Abfahrts- und Ankunftszeiten ist wahrlich benchmarkig; das gibt PR bis nach Tokio. Es führt dazu, dass die Menschen einen Zug früher und einen Anschluss später nehmen. Sie haben Zeit und gewinnen ihre Ruhe und Gelassenheit zurück. Das sind zwei essenzielle Erfolgsfaktoren zeitgemäßen Handelns, nachdem die Schneller-höher-weiter-Ära vorüber ist. Wir haben der Bahn geschrieben. Unser Vorschlag ist kostenlos, aber nicht umsonst. Antwort steht aus.

Das Problem sind zu kurze Umsteigezeiten: Wollen Rolli- und Rollatorfahrer noch mit, ist der Fahrplan schon zum Teufel.

Fängt meine Vorlesung dann auch „um circa 8 Uhr" an? In Deutschland undenkbar!

Bis es so weit ist, behilft sich die Bahn mit den Mitarbeitern, die vorausgehen. Die gibt es. Sie sind intrinsisch motiviert, und sie haben diese eingebaute Teflon-Beschichtung. Da prallt vieles ab. Es sind die Leute, die man in die Leitung des größten städtischen Parkplatzes downtown Bielefeld versetzen kann – und aus dem geteerten Dings machen sie innerhalb kürzester Zeit den geilsten

Parkplatz der Welt: Autos wegparken und wiederbringen, Einkäufe schleppen, Scheibenklarservice mit Parfum ins Wischwasser, immer ein positives Wort für die parkende Kundschaft ... Alles, und das ist das Tolle, ohne dass es ihnen jemand sagt. So jemanden gibt es bei der Bahn. „J. Desoi" steht auf dem Namensschild. Sie ist eine Frau in jüngeren Jahren, arbeitet im ICE im Bordbistro und lacht die Sonne weg. Der bezauberte Fahrgast verbringt die Zeit damit zu räsonieren... Janine? Jacqueline? Josefine? Mit Frau Desoi dabei fährt es sich so von München und Frankfurt: „Was darf ich Ihnen Gutes tun?" „Sandwich gibt's nur bei der Selbstbedienung. Okay, ich hol' Ihnen eins. Jeden Tag eine gute Tat, oder?" „Alles schick bei Ihnen?" Und dieses geschliffen schöne Idiom: „Ihr Tee: Milch und Zitrone liegen anbei." „Lieber zwei leckere Zuckerwaffeln? Saulecker! Die riechen gut!" „Bei Ihnen ist alles recht?" „Darf ich das Brötchen schon in den Ofen tun, oder soll ich einen Moment warten?" „Das ist jetzt so eine Zwiespalt-Uhrzeit – noch was frühstücken oder schon zu Mittag essen? Ich lasse Ihnen beide Karten da, schauen Sie ganz in Ruhe!" „Der Milchkaffee kostet schon 3,40 Euro, also eigentlich lohnt sich das komplette Frühstück immer ganz gut." „Noch ein bisschen Lachs dazu oder Rühreier?"

Ist das der Klarname oder ist die Dame in deinem privaten Zeugenschutzprogramm? Würde Sinn machen: Bei der Bahn gibt es für zu viel Freundlichkeit einen roten Reiter auf der Personalakte.

Die Desoi-Strecke will ich auch mal fahren ...

In Würzburg geht sie kurz raus und raucht sich eine. In der Raucherzone, da macht sie gleich Gymnastik. Dann ist wirklich Mittag, es gibt Salat vital: „Den Balsamico habe ich lieber extra gelassen, da können sie selbst wählen, wie viel Sie möchten. Lieber Sauerrahm? Kein Problem, dann bringe ich Sauerrahm. Den lasse ich auch extra." Gast: „Haben Sie das gelernt?" Frau Desoi: „Ja, von der Pike auf. Deshalb bin ich hier." Gast: „Das merkt man auch." Frau Desoi: „Ja, besonders bei der Weinempfehlung – mit drei Weinen ..." Jetzt die Rechnung: „Dann verändere ich Sie mal finanziell. Stimmt alles?" Kostet 13,30 Euro. Der Gast rundet auf 15 Euro auf, macht 13 % Trinkgeld. „Das Wechselgeld ist vielleicht nicht so, wie Sie das gern hätten ..." Sie wünscht ein wunderschönes Wochenende. Sicher, das tun alle, sie tut es mit Herz. Man spürt es, und

War bestimmt ein Schweizer. Gegenüber der SBB spart er all in immer noch 50 %.

in Frankfurt hüpft man aus dem Zug. Frau Desoi made my day! Ihr verzeiht man jeden Kühlungsausfall, jede umgekehrte Wagenreihung, jeden Böschungsbrand. Man spricht über sie, Hunderte Kilometer weiter, Monate später. Man schreibt über sie. Die Bahn soll sie da rausholen aus der rollenden Gastrostubb. Gebt ihr am Potsdamer Platz ein Eckbüro ganz oben und mit Yucca-Palme, außerdem den überdachten Chefparkplatz gleich an der Pforte!

Bitte nicht. Das hat schon der Pofalla, ganz weit ab von der Bahn-Wirklichkeit. Frau Desoi soll lieber weiterhin wirklich was bewegen!

Das Kostbarste, das ein Unternehmen hat, ist nicht das Büro und nicht die Fabrik. Grundstücke sind nur Schall und Rauch, und das Headquarter ist nur Glas, Stahl, Beton und Parkett. Das Kostbarste sind die Menschen, die es beleben, da drinnen genauso wie da draußen, wo das Unternehmen immer spürbar ist. Es hat die Wahl – so spürbar zu sein oder lieber so spürbar ... Jedes hat die Mitarbeiter, die es verdient, und wenn der Personalchef denkt, der Kandidat bewirbt sich nur bei ihm (und eben nicht die Firma sich genauso beim Kandidaten), ist das dort alles nicht so üppig mit dem Markenbotschafterwesen. Mitarbeiter mutieren dann zu Unternehmensbewohnern. Sie konsumieren die gut gefilterte Luft, die schönen Sachen aus der Veganertheke in der Kantine und das schnelle Internet. Da forschen sie mit viel Hingabe nach ihren nächsten „schönsten Wochen des Jahres"; in der Firma erleben sie die jedenfalls nicht. Das gibt es aber! Zumindest sind die Zeiten im Büro für viele Berufstätige nicht weniger, sondern einfach anders schön als die arbeitsfreie Zeit. Menschen aber, für die es in der Firma nur warm und trocken und vor allem besser als gehartzt ist, leisten nicht nur keinen Wertbeitrag zur Wahrnehmung des Unternehmens, sondern schaden ihm regelrecht.

Wer nichts tut, macht wenigstens nichts kaputt. Schlimmer sind die, die wollen, aber nicht wissen, worum es der Marke überhaupt geht. Wissen, Wollen, Können: Erst der Dreiklang ermöglicht wahre Markenbotschafterei.

Mit motivierten, überzeugten und engagierten Menschen steht und fällt der Erfolg. Das ist so leicht nachzuvollziehen. Dennoch behandeln viele Firmen ihre Mitarbeiter so, wie sie bei ihnen genannt werden – als „Humankapital". Das kann nicht gut gehen. Wer so handelt, dem nutzen auch keine verglasten Fassaden, keine hochglänzenden Broschüren und kein Employer-Branding. Allein das Wort! Die Attraktivität als Arbeitgeber darf nicht losgelöst von der grundsätzlichen Positionierung und dem generellen Marketing behandelt werden. Es gibt kein Employer-Branding, aber es sollte in jedem Unternehmen, das etwas auf sich hält, Arbeitnehmerkandidatenmarketing geben. Und zwar auf der Basis der Positionierung, im stimmigen Kanon mit allen anderen Maßnahmen.

Echte Fans da draußen kriegt man nur, wenn man echte Fans da drinnen hat. Das schafft man nicht, indem man die Menschen gleichschaltet. Wer wie die UBS an seine Mitarbeiter eine 44-seitige Kleiderordnung verteilt, in der davon die Rede ist, dass vorzugsweise fleischfarbene und knitterfreie Unterwäsche zu tragen ist, gefärbte Haare sollen nicht sein, Feuchtigkeitscreme im Gesicht wäre schön, hegt kein Vertrauen in ihre Mündigkeit. Bitte keinen Knoblauch essen und keinen Rock anziehen, der spannt! Und das ausgerechnet in einer Zeit, in der in der Finanzwelt die Luft brennt. Ein typischer Stellvertreterschauplatz, auf dem sich die Verantwortlichen weidlich abarbeiten, wo sie schon nicht wissen, wie sie mit den wahren Brandherden umgehen sollten. Nicht zu fassen, was von der wahren Welt entrückte Manager sich einbilden! General Motors ist da weiter: Die CEO Mary Barra schafft gleich nach Amtsantritt den zehnseitigen Dresscode ab und ersetzt ihn durch einen Satz: „Zieh dich angemessen an." So geht das, wirklich relevante Botschaften passen auf einen Bierdeckel.

Falscher Zeitpunkt, falscher Ton. Dennoch ist die Kleiderordnung extrem hilfreich. Wir Manager sprechen uns ja auch ab, ob wir morgen business oder casual auflaufen.

Was ist „angemessen"? Frag zehn Vertriebler und du bekommst elf Antworten.

Viel weiter ist DHL, obwohl sie beim Ausliefern in den 4. Stock ohne Lift ja manchmal nicht gerade performant sind: Für den Paketdienstleister hat das markenkonforme Mitarbeiterverhalten große Bedeutung. Der Kontakt zwischen Kunde und Unternehmen prägt das Image der Marke ganz entscheidend. Für den sorgt vor allem der Zusteller, gerade weil DHL nichts Anfassbares produziert. Zu vernachlässigen bei der Imagebildung sind hier Website, Anzeigen und Fahrzeuge. Mit transparenter Informationspolitik und besonders der frühzeitigen umfangreichen Beteiligung an Veränderungsprozessen werden die Mitarbeiter involviert, integriert und gebunden. Das stärkt die Identifikation, und die ist ausschlaggebend für das Verhalten und die Kundenbegeisterung am Kontaktpunkt. Gerade dann, wenn der Kunde im 4. Stock ohne Lift gegenüber dem Zusteller thematisiert, dass sein Paket spürbar spät irgendwo im Nirgendwo gelandet ist. Ein DHL-Unternehmensbewohner grummelt das im Umkehrschwung auf dem Treppenabsatz weg; der DHL-Markenbotschafter verkehrt die Situation ins Gegenteil, wohl wissend, dass er nicht die ganze DHL ist, sondern nur ein Zähnchen an einem Rädchen im System DHL. In diesem Moment ist er das Ganze für den Kunden, und da hat er jetzt die Chance, ihn zu begeistern. Frau Desoi ist ja auch nicht die Bahn, und ihr gelingt das auch.

Haben die überhaupt gute Botschafter? Wenn man die Leute reden hört, könnte man meinen: nein. Wo arbeitet denn Herr Desoi so?

Dass die Menschen das Wichtigste sind, macht das Unternehmen besonders deutlich, indem es sie nicht nur hört, sondern aktiv am Wandel beteiligt. Und zwar in den Fragen, die sie besonders berühren. Bei DHL ist das die Arbeitskleidung. Die Zusteller werden beratend in die Fragen der Schnitte, Formen und Farben einbezogen. Das führt dazu, dass die ursprünglich angedachte Hosenfarbe Rot in Blau geändert wird. Eine Petitesse, sollte man meinen, doch wäre es fatal, die Mehrheitsmeinung hier nicht umzusetzen: Man merkt es einem Zusteller augenblicklich an, ob er sich wohlfühlt in seiner Kluft oder nicht. Mehr Unternehmen sollten erkennen, dass es nach der Mitarbeitergewinnung der Kontaktpunkt Mitarbeiter ist, der besonders wichtig ist. Die Zufriedenheit der Angestellten ist die Voraussetzung für die Zufriedenheit der Kunden. In Zeiten des Fachkräftemangels ist hier ein gutes Image als Arbeitgeber wertvoller als je zuvor, ganz abgesehen davon, dass glückliche Mitarbeiter besser und lieber arbeiten und vor allem länger bleiben. Wer für dieses so logische wie selbsterklärende Phänomen einen Kraftausdruck braucht, hier ist er: Corporate Happiness.

Die Happiness stellt sich nur ein, wenn die Konditionen stimmen: Wer statt des Haus- nur noch den Logistiktarif bekommt, versteht sich nicht mehr als Paketbote, sondern nur noch als Ausfahrer. Den feinen Unterschied spürt man.

Die Upstalsboom Hotels haben Corporate-Happiness-Beauftragte. Das ist so etwas wie ein Markenbotschaftersystem für die zehn Häuser in Norddeutschland und einige Hundert Ferienwohnungen an Nord- und Ostsee. Gerade für Konzerne, Filialunternehmen und dezentrale Organisationen wie Tourismusdestinationen bietet es sich an, die auf die Marke einzahlende Haltung bei der Arbeit am Kunden kaskadenhaft von oben nach unten vorzuleben und weiterzugeben – nachdem zunächst, wie bei DHL in anderer wichtiger Sache, die Mitarbeiter bei der Erarbeitung gehört und eingebunden wurden. Das wird gern vergessen. Besonders ausschlaggebend sind die in der Werkshalle, in der Auslieferung, im Service. Sie machen später die sicht- und erlebbare Arbeit, und deshalb sind ihre Meinung und ihre Einschätzung der Bedürfnisse an der Kundenfront so unerlässlich. Bei Upstalsboom erkennt man bei einer Mitarbeiterbefragung mit katastrophalen Ergebnissen, dass es so wie bisher nicht weitergehen kann. Entwaffnend ehrlich wird später auf der Website geschildert, wie die konsequente Orientierung in Richtung ökologische und menschliche Unternehmensführung umgesetzt wird.

Haben die den Terminus aus der Buchstabensuppe von Maggi zusammengescrabbelt? Ich weiß was: Der kommt aus dem Altfriesischen und bezeichnet die Versammlungsstätte ostfriesischer Häuptlinge.

Gerade in der Gastronomie und Hotellerie, wo der durchschnittliche Mitarbeiter irgendwas zwischen mies behandelt und mies bezahlt wird und vor allem deshalb ständig den Arbeitgeber wechselt, ist das so unerlässlich wie neu. Das unverwechselbare Erlebnis eines Hotels, einer Wirtschaft gibt es nur, wenn der Mitarbeiter die Chance hat, sich damit zu identifizieren. Dafür braucht es eine der wichtigsten Voraussetzungen für erfahrbare Markenstärke überhaupt – Kontinuität. Die bemisst sich in der Hotellerie vor allem an der durchschnittlichen Verweildauer des Personals. Die Leute von Upstalsboom sagen: „Das Besondere ist, dass durch die hohe Konzentration auf die persönliche Entwicklung der Menschen mittelbar eine Arbeitgeberattraktivität, Servicequalität und Wirtschaftlichkeit erreicht werden konnte, die deutlich über denen der Branche liegen. So stieg die Mitarbeiterzufriedenheit

Vorsicht mit solchen Indikatoren. Unter Umständen gibt es ja einfach keine adäquate Jobalternative. Und Bequemlichkeit spielt auch eine Rolle.

um ca. 80 % und die Weiterempfehlungsrate der Gäste von 92 % auf 98 %." Da versteht jemand.

Eine Markenbotschafterstrategie wird nicht basisdemokratisch entwickelt. Genauso wenig wie die Markenidentität. Sonst kommt ein Strategiechen raus. Vielmehr muss das, was nach der Erhebung der Befindlichkeiten an der Basis im kleinen Kreis entwickelt wird, auch die Haltung der Mitarbeiter widerspiegeln. Es muss sie ernst nehmen, ihrer Bereitschaft zur Übernahme von Verantwortung gerecht werden. Sie sind dann aktiv dabei, wenn sie immer wieder neu diskutieren, was die gelebte Marke im Alltag auszeichnet. Und ihren Beitrag dazu leisten, dass die schönste und wichtigste Kennzahl überhaupt signifikant steigt – die Empfehlungsquote. Im Hotel Neptun in Rostock-Warnemünde hat man ein schönes Rezept dafür: „Die Mitarbeiter sehen das Hotel als ihr Produkt", sagt der Direktor Guido Zöllick. Der Zimmerservice war nie ausgesourct, vielmehr arbeiten hier festangestellte, über dem Landestarif bezahlte „Etagenunternehmer". Sie werden nicht wie üblich pro gereinigtem Zimmer bezahlt. Die Zimmerfrau hat immer dieselbe Etage. „Sie sieht sich als Etagengastgeber: Es geht nicht nur ums Saubermachen, sondern auch darum, sich Zeit zu nehmen für ein Gespräch mit dem Gast, zum Beispiel vor dem Aufzug." Mitarbeiter, die sich derart ernst genommen und motiviert wissen, wollen und können, sorgen für die kleinen schönen Erlebnisse, die das große Urlaubserlebnis erst groß machen. Und weil sie verstehen, was weshalb wie gehandhabt wird, sorgen sie für eine Sensation im Bad: Das Fünf-Sterne-Neptun ist eines von ganz wenigen, in denen der Aufkleber „Können Sie sich vorstellen, wie viele Tonnen Handtücher jeden Tag überall auf der Welt unnötig gewaschen werden?" am Spiegel klebt und die Etagengastgeberin das benutzte Handtuch sogar hängen lässt, solange es nicht zum Austauschen auf dem Boden liegt. Da fühlt sich der umweltbewusste Gast endlich ernst genommen. So empfiehlt er dann das Neptun, als externer Markenbotschafter, gern und unbezahlt.

Tolle Idee, schwieriger Begriff: Unternehmer sind selbstständig und an Erfolg und Misserfolg beteiligt. Aber ich mag die Art, wie der Herr Direktor denkt.

Aus dem Benchmarkentagebuch

von Henkel & Berndt

Künstliche Verknappung, liebevoll CI-gemäß inszeniert. Fallen die Sparbrötchen immer wieder reichlich drauf rein. Und im Lager stapelt sich die neue knappe Ware.

Vor allem haben die unten die paar Kilometer Kleingedrucktes vergessen. Gibt es dafür überhaupt so einen dünnen Edding – und ist das abmahnfähig?

Mutige Positionierung, mutige Crossover- und Fusion-Cuisine. Der Gastronom denkt und handelt wahrlich europäisch.

Das „Mykonos" bei uns im Taunus macht doch auch Souflaki mit Grie Soß!

DIE BENCHMARKE …

WIRD KONSEQUENT GEFÜHRT

- Entscheidungsfreude und Stringenz sind essenziell, wenn eine starke Marke dauerhaft jung und stark bleiben soll.
- An der Spitze braucht es Menschen, die geradlinig ihren Weg gehen – intuitiv, von wenigen beraten und extrem widerstandsfreudig.
- Wer einmal die Zügel schleifen lässt, wird beliebig und hat es sehr schwer, wieder zurück auf Kurs zu kommen.

„Die Kundenmeinung ist wichtig. Sie kann jedoch die unternehmerische Intuition nicht ersetzen. Wer vor jeder richtungsweisenden Entscheidung erst eine Marktforschungsstudie in Auftrag geben muss, ist als Manager einer Premiummarke ungeeignet." Klare Worte von Wolfgang Armbrecht, dem legendären, früh verstorbenen Chef von Mini. Die Frage, welche Marken die großen Gewinner und welche eher die Verlierer sind, lässt sich in vielen Fällen mit dem Grad an Entscheidungsfreude im jeweiligen Topmanagement beantworten. Tesla zählt mit Elon Musk an der Spitze zu den Gewinnern. Die Medien verehren ihn als Genie und sehen einen Kontrollfreak mit autistischen Zügen, die FAZ zudem ein veritables „Großmaul". Ein schwieriges Charakterprofil mit einer vielversprechenden Prädisposition zum führungsstarken Markenverantwortlichen. Tusk hat eine klare Vision von der Marke Tesla und die klare Vorstellung davon, wie er seine Ziele erreicht: durch inspirierende Autos in limitierten Stückzahlen. Dies mit der überschaubaren und strikt markenkonsistenten Modellpalette, dem zentral gesteuerten Händlernetz unter seiner Fuchtel und der eigenen Infrastruktur bei den Ladesäulen. Solche Restriktionen machen und halten Tesla exklusiv. Einen langweiligen Kleinwagen in der Klasse des Up! von Volkswagen wird es mit Tesla nicht geben, ebenso wenig offensichtliche und versteckte Rabatte.

Dann soll er in München mal anfangen mit dem Fuchteln: Die Leute in der Blumenstraße bringen es nicht mal fertig, zurückzurufen.

Der Tesla-Kunde hat Geld und will nur eins: seinen Tesla. Die meisten zahlen bar. Wer den Preis verhandeln will, soll woanders hingehen. Tesla liebt man, man will ihn besitzen und nicht nur ausleihen. Wer eine niedrige Fahrgestellnummer ergattert hat, gibt sie nicht mehr aus der Hand. Und wer all das versteht, bekommt dafür ein einzigartiges Markenerlebnis von der Vorkauf- über die Nutzungs- bis hin zur Nachkaufphase. Tesla Stores sind in den besten Lagen, in Frankfurt im schicken Opernturm. Die wenigen Fahrzeuge präsentieren sich wie Ikonen. Die Mitarbeiter sind stolz auf ihr Produkt, und das spürt man. Bei der jährlichen Leistungsschau des Gewerbevereins sucht man die Elektroboliden vergeblich. Ebenso hält sich Tesla raus aus der klassischen Marketingkommunikation. Die Marke steht für Zukunft, deshalb findet die Produktkommunikation dort statt, wo sie spürbar ist: in der digitalen Welt, von Fans für Fans, mit inhaltsgeladenen Fahrerlebnisberichten. Fernsehspots vor der Sportschau? Lieber nicht. Die einen nennen diesen fokussierten Auftritt autistisch, andere sehen in diesem Mut zur Nische die genialen Züge des CEO.

Das ist so einer von der Sorte, bei denen vorn ist, wo sie sind. Und wenn sie hinten sind, ist hinten vorn. Ich denke nicht, dass das dermaßen brachial lange gut geht.

Die Bild-Zeitung wird von keinem gelesen und von keinem für voll genommen. Trotzdem bringt es das Flaggschiff des Springer-Verlags jeden Tag auf 2,2 Millionen Exemplare Auflage. Bild ist bei den Medien, was Pur in der Musikwelt der Neunziger sind: Die hört auch keiner, und keine Band füllt häufiger die Arena auf Schalke. Da wirken wohl immense Kräfte im Verborgenen. „Bild Dir Deine Meinung." Bild provoziert, hat den Mut zur Volkssprache, es gibt Volks-Computer, -Laufschuhe und -Handys, und mit Bildplus schafft sie, was sonst keiner schafft: Begehrlichkeit auch online, befriedigt für echt gutes Geld, die funktionierend eingeführte Bezahlschranke. Genügend Abonnenten wollen nicht widerstehen, wenn der Newsticker über Lothars Neue spekuliert und sie von der unverpixelten Wahrheit nur 99 Cent entfernt sind.

Dir reichen wenigstens die Pixelbilder. Morgens zuerst Bildplus, dann Harvard Business Manager. Ich mag die Art, wie du priorisiert, das macht den Herrn Professor so schön nahbar.

Der Obermacher bei Bild ist seit 2001 Kai Diekmann, ein kleiner deutscher Musk; auch eine streitbare Persönlichkeit, an der man sich reiben muss, will man ihr näherkommen und sie verstehen. Als die großen Konzerne anfangen darüber nachzudenken, ihr Toppersonal digital fit zu machen, hat er das Sabbatical im Silicon Valley schon hinter sich. Die Zeitungsbranche ist wie kaum eine andere im Umbruch. Mit Bildplus schafft Diekmann als Erster ein massenmediales digitales Angebot, das richtig was kostet und für das viele richtig gern bezahlen. Hätte schiefgehen können, ist es aber nicht. Es liegt auch daran, dass sie bei der Bild ganz genau wissen, wie sie die Leute wuschig machen. Die dortige

Journalistenausbildung setzt bis heute Standards. Und vor allem liegt es daran, dass Diekmann nicht bei jedem Windstoß die Marschrichtung ändert. Ein Mann geht seinen Weg. Von diesem Weg darf man halten, was man will. Eines ist unstrittig: Der ist ein geradliniger Macher. Die Marke Bild gewinnt trotz des Niedergangs der Auflage unter seiner Führung an Profil und Stärke. Selbst hinter einem Revolverblatt steckt mal ein kluger Kopf.

Konsequente Führung nutzt vor allem, wenn die Marke am Boden ist und revitalisiert gehört. Dann wirkt sie wahre Wunder, wie sonst nur die 56 botanischen Zutaten im Jägermeister. Heute ist das Likörchen aus den Top-Clubs der Metropolen nicht wegzudenken. Mirakulös, was ist da so hip dran? Das Rezept ist denkbar einfach: Man nehme ein sehr süßes handelsübliches Gesöff und mische es mit der alkoholischen Naturmedizin aus Wolfenbüttel. Gut kühlen und bei sehr lauter Musik von sehr beweglichen Studentinnen – die Promoterinnen heißen „Jägeretten" – servieren lassen. Fertig sind Flying Hirsch, Golden Elk, Turbojäger und das perfekte Markenerlebnis. Das aus dem Markenkern „Achtung, wild!" abgeleitete Versprechen geht so: Die Flasche an sich ist langweilig, aber wehe, man öffnet sie ... Produkt und Design blieben vollkommen unangetastet, nur die Darreichungsform wurde radikal verändert und verzeitgenössischt. Für den durchschlagenden Erfolg auf dieser starken Basis sorgen die markante Vertriebsstrategie (mit den Minis, die einen Kühlschrank haben, wo sonst die Rückbank ist, vor den New Yorker Szeneklubs), die coole Kommunikation (Rudi & Ralph knottern von der Wand runter, dass es eine Pracht ist) und die überaus große Freude an Social Media, verbunden mit dem extrem relevanten Content für die Zielgruppe 18+ statt früher 80+.

Wer nicht mit der Zeit geht, geht mit der Zeit. (Das nennt man Schleckern.) Warum ist das für viele Macher so schwierig zu verstehen?

Bevor wir gesagt kriegen, dass Business-to-Customer nicht Business-to-Business ist: Konsequent sein beim Aufbauen und Führen geht immer. Man muss es nur können und wollen, völlig losgelöst von Branche und Typus des Unternehmens. Auf der einen Seite sind die Produkte und Leistungen; auf der anderen Seite sind immer Menschen, die sie haben wollen. Oder eben nicht. Alleinstellung und Begehrlichkeit entstehen beim Magenbitter genauso wie beim Industrieroboter – wenn die Parameter stimmen. Kuka bietet intelligente Automatisierungslösungen, baut mit 12.000 Mitarbeitern vor allem solche Hightech-Teile, und steht damit im direkten Wettbewerb zu Siemens, ABB und GE. Die sind allesamt deutlich größer. Dennoch oder gerade deshalb herrscht bei den so markant orangefarbenen Augsburgern auf der Hannover Messe immer Hochbetrieb: Kuka ist anders und zelebriert dieses Anderssein mit Hingabe. Hier werden Roboter nicht im konventionellen langweiligen Arbeitsumfeld vorgestellt, sondern sie servieren den Sekt. Sie führen auf dem Messestand eine Tanzshow auf, die 30.000-mal bei Youtube angeschaut wird. Und ein viraler Werbespot, in dem sich der deutsche Weltklasse-Tischtennisspieler Timo Boll mit einem Roboter misst, wird 6,7 Millionen Mal angeschaut. Sehr clever: Der Mann kostet nicht viel, Tischtennis ist nicht Fußball; er ist klassenlos und extrem bekannt und beliebt in China, wo die Hauptzielkunden sitzen; und die Story ist so einfach wie effektvoll in Szene gesetzt – es geht um Action, Schnelligkeit und Präzision. So geht Industriegütermarketing heute, wenn man beim Anderssein Mut, Leidenschaft und Konsequenz walten lässt.

Das ist ziemlich gut für etwas, was nicht der neue Song von Justin Bieber ist. Siemens, ABB und GE müssen sich da anstrengen. Machen die überhaupt schon Sozialmedia?

Bei den weit größeren Wettbewerbern geht es auf der Messe sachlich-funktional und fachlich-rational zu. Da werden vielleicht mehr Prospekte eingesackt, aber gelacht, geherzt und fotografiert wird entschieden mehr bei Kuka. Dabei haben die großen Player keine schlechtere Positionierung. Sie haben sich für das eine Profil entschieden, um sich vom Wettbewerb zu differenzieren. Das wird von vielen geschätzt, die es nicht anders kennen und für die Freude auf der Messe fremd ist. Allerdings dürfen Roboter, wenn die Arbeitswerte stimmen, genauso viel Spaß machen wie

Haribo und Tesla. Das sagt Kuka, der Maschinenbauer mit dem anderen Profil. Der Boss Till Reuter und seine Führungsriege erkennen das und verfolgen ganz konsequent eine Strategie, bei der die Menschen sich ernsthaft freuen dürfen. Kuka macht Freude, und das dürfen die auch. An dieser Position halten sie ganz stringent fest, und die Ausdauer zahlt sich aus: Der Kleine hat ein ganz klares Profil inmitten der Großen.

Und das nicht nur, weil die Firma orange und nicht grau ist. Die sind so menschlich bei Kuka – und das zählt heute.

Es gibt einige gute Beispiele für Stringenz und Konsequenz. Und es gibt viel mehr schlechte, die vor allem aus Unsicherheiten beim Management herrühren. Besonders offensichtlich wird das beim Slogan. Burger King, kann man meinen, wechselt ihn öfter als das Frittenfett: „Have it your way" (1976), „The Difference is taste." (1996), „Weil's besser schmeckt." (1999), „Bigger. Better. Burger King." (2002), „The fire's ready." (2003), „Feel the Fire." (2004), „Pimp my Burger!" (2005), „Geschmack ist King." (2005), „Your way." (2015). Was denn jetzt? Zum Vergleich: Mc Donald's setzt seit 2003 auf den Slogan „Ich liebe es". Das letzte Aufgebot von Burger King: Zum Weltfriedenstag der Vereinten Nationen wollen sie einen Tag lang mit Mc Donald's einen Waffenstillstand schließen und in einem eigens dafür aufgebauten Restaurant in Atlanta, genau zwischen den Firmenzentralen, gemeinsam den „Mc Whopper" verkaufen. In Uniformen, die halb so sind und halb so. Wir fragen uns, wie weit Strategie und Werbung gehen dürfen in Zeiten, in denen es echte Waffenstillstände gibt, die noch vor Ablauf gebrochen werden und Menschenleben kosten. Steve Easterbrook, CEO bei Mc Donald's, erklärt auf Facebook in einem offenen Brief an Burger King: „Wir finden es gut, weltweite Aufmerksamkeit zu erreichen, aber vielleicht wollt Ihr uns bei einem bedeutungsvollen globalen Projekt unterstützen. Lasst uns daran denken, dass das zwischen uns jeden Tag nicht mehr als ein freundlicher Wettbewerb ist, sicher nicht unter den überhaupt nicht vergleichbaren Umständen von Krieg und Leid." Word.

Der internationale Slogan „I'm lovin' it" wurde in einem Wettbewerb unter den Mc Donald's-Agenturen in Deutschland erfunden, von Heye & Partner. Da fragt man sich, was bei den anderen rauskam …

So gewinnt Mc Donald's die Relevanz zurück, die Burger King für sich schon unwiederbringlich verspielt hat.

Die mangelnde Führungskompetenz bei Burger King Deutschland trägt fast schon pathologische Züge: Auf den Skandal um mangelnde Hygiene in vielen Restaurants reagiert man proaktiv zunächst gar nicht und reaktiv auch nicht wahrnehmbar. Schließungen erfolgen zu spät und sind Monate später immer noch nicht vollständig umgesetzt. Auch mit Blick auf die soziale Verantwortung, Hunderte Arbeitsplätze beim betroffenen Franchisenehmer stehen auf dem Spiel, zeigt man zu wenig Profil. Und ein echtes Pendant zur Mc Donald's Kinderhilfe, die jenseits sonstiger berechtigter Kritik Gutes tut, gibt es nicht. All das absolute No-Gos, wenn man seine ohnehin schon angezählte Position in der knallharten Fast-Food-Branche halten will. Fürs Abwarten sind neue Konkurrenten wie Hans im Glück viel zu findig und wendig. McDonald's macht vor, dass eine Marke auch dann als Vertrauensstifter und gesellschaftlicher Integrator wirken kann, wenn nicht alle Produkte zum Guten in der Welt und zur Kundengesundheit beitragen. Das funktioniert aber nur, wenn sie entsprechend stringent geführt wird.

Vor allem verzeiht die Online-Community keine Kommunikationsfehler. Wann kapieren die das?

Zumindest ist Burger King in bester Gesellschaft mit Levi's und Karstadt, auch wenn geteiltes Leid in diesem Fall die Folgen nicht mildert: Soziologen und Marketingvordenker predigen seit Jahren das Paradigma von Individualisierung und Erlebnisorientierung. Der heutige Kunde möchte mitgerissen, begeistert und involviert werden. „To sell" war gestern, heute gilt „to buy in". Diese Entwicklung haben beide Marken verschlafen, und sie schnarchen immer noch. In den Achtzigern ist Levi's der Inbegriff des Coolen, die nachtschwarze 501 Black-Black darf in keinem Jugendzimmerkleiderschrank fehlen; genauso wenig wie das gleiche Modell in Schneeweiß für wahrhaft heiße Sommerstunden. Absatzglück für Levi's: Die schwarze ist nach den ersten Wäschen nicht mehr richtig schwarz, und die weiße hat nach zweimal Baggersee Grasflecken an den Knien und am Hintern. Die kriegt selbst der Weiße Riese nicht raus. Jede neue Levi's kostet wieder 159 Mark, das

Die werden rechts auf dem Hinterrad überholt von Leuten wie Philipp Plein, Modegott: Ein T-Shirt für 198 Euro? „Bei uns kauft man einen Traum, einen Lifestyle, da gibt es keine Schmerzgrenze." Sagt Herr Plein und bleibt weg von Karstadt und so.

satte Preispremium inkl. Dafür muss der Schüler viele Wochenblätter austragen, und er tut es gern und rasend schnell, bei der Aussicht auf die neue Jeans. Karstadt ist zu dieser Zeit die solide Anlaufstelle für die solide Mittelschicht. Etwas langweilig, aber zuverlässig und mit dem Allroundsortiment für alles, was zu Hause fehlt. Schon damals grundverschieden, die hippe Hose und das immer richtige Kaufhaus.

Als man die 501 bei Karstadt bekommt, ist es mit beidem vorbei: der Exklusivität der Jeansmarke zwischen Mustang und Daniel Hechter und der eindeutigen Positionierung des Kaufhauses. Wer heute gut leben und nicht irgendwie überleben, Freude und Erfolg bei seinem Tun haben will, muss sich klar bekennen – zu dem einen oder dem anderen. Das gilt für Positionierung und Zielgruppe. Zwischen den Stühlen sitzen die Verlierer. Das Management von Levi's reißt die Zügel ein bisschen herum. Es gibt wieder eigene Flagship-Stores, außerdem Shop-in-Shops im für die Marke typischen Lifestyle-Look. Man nimmt sich starke Wettbewerber wie Diesel und Pepe zum Vorbild, setzt auf modische Schnitte und häufiger wechselnde Kollektionen. Eigentlich ist das eine Selbstverständlichkeit, nur hat Levi's sich erst selbstverliebt auf dem 501-Erfolg ausgeruht und dann, als der ausblieb, hektisch und ohne Plan mal dies, mal das angezettelt. Karstadt kann sich dagegen nicht entscheiden, ob man sich mit Peek & Cloppenburg oder lieber mit C&A messen mag. Das ist ein großer Unterschied. Solange die Grundfrage der Positionierung nicht eindeutig geklärt ist und vom Management entschieden und konsequent umgesetzt wird, sieht es für eine der einst stärksten Händlermarken Deutschlands düster aus. Manchmal denken wir, die wollen gar nicht mehr.

Und jetzt ist es zu spät für echten neuen Hype. Die 501 trägt meine Großmutter im Stift, und der Rollator ist in Sonderfarbe Black-Black lackiert. Wenn sie ihn poliert, hält die sogar.

Mit der Reihenhausmentalität, die die an den Tag legen, ist das aber auch echt schwer zu wollen.

Bitte von dem eine dicke Scheibe abschneiden: Überzeugungstäter und Getriebener in Sachen Marke ist der Schweizer Uhrenmanager Jean-Claude Biver. Sein Antrieb ist das absolute

Commitment zur stark geführten Marke, immer und überall. Das Schweizer Wirtschaftsmagazin Bilanz bezeichnet ihn als „Wirbelwind der Uhrenbranche" und es hat recht. 1982 übernimmt Biver gemeinsam mit einem Partner für 22.000 Franken die Rechte an Blancpain, die seit 1956 ungenutzt sind. Ihnen gelingt der Wiederaufbau, Blancpain macht schon bald 50 Millionen Franken Umsatz. Zehn Jahre später verkaufen sie die Marke für 60 Millionen Franken an die heutige Swatch Group; Biver tritt in deren Konzernleitung ein, um die Marke Omega zu erneuern. Sein Rezept für die neue Herausforderung: Product-Placement und Superstars als Testimonials. Während der Wettbewerb über die Vorzüge von mechanischen gegenüber Automatikuhrwerken streitet, wird Omega zur begehrlichen Luxusmarke. Cindy Crawford, Michael Schumacher und Pierce Brosnan sind die Markenbotschafter. Bis heute schaut James Bond in jedem seiner Abenteuer ostentativ auf seine Seamaster, und die PR-Maschine erwähnt es gebührend. Nach weiteren zehn Jahren geht Biver. Der Umsatz ist verdreifacht.

Ich stand mit ihm im Dolder auf der Bühne – Luxusmarkenkongress. Es stimmt, er wirft einen sehr großen Schatten.

2004 übernimmt er Hublot. Die Marke hatte ihre Hochzeit in den Achtzigern, als man als Erster im Luxussegment auf die Kombination von Edelmetalluhren und Kautschukarmbändern setzt. Dem schnellen Aufstieg folgt genauso schnell Ernüchterung. Hublot muss sich der knallbunten billigen Konkurrenz von Swatch geschlagen geben und geht vom Markt. Ideale Voraussetzungen für Biver: Er greift die Idee der Kombination ungewöhnlicher Materialien auf (Zukunft braucht auch hier Herkunft) und brandet sie mit dem Begriff „Fusion". 2005 wird die Hublot Big Bang auf der Branchenmesse Baselworld eingeführt, eine massiv gelbgoldene Uhr mit Kautschukband. Innerhalb von vier Jahren steigt der Umsatz von 25 auf über 200 Millionen Franken, 2008 geht Hublot mehrheitlich an den Luxuskonzern LVMH. Das Interessante an dieser Erfolgsgeschichte: Im Gegensatz zur Strategie bei Omega setzt Biver hier nicht auf Stars. Die Marke soll

Manager und Entscheider ansprechen, die sich für ihren Erfolg mit einer Uhr belohnen. „Diese Menschen kaufen doch keine Uhr, nur weil George Clooney sie trägt. Und der trägt sie ja gar nicht. Der bekommt lediglich viel Geld dafür, dass er sich mit ihr fotografieren lässt“, erklärt der Mann, der Clooney zu Omega holte. Was dort richtig war, wäre hier falsch. In seiner Begeisterung für Uhren bleibt er echt und glaubwürdig. Auch indem er ganz genau weiß, dass gerade im Luxussegment Differenzierung und zielgenaue Kundenansprache essenziell sind. In diesem Sinne ist es seine Aufgabe, sich voll und ganz und immer anders hinter die Marke zu stellen, die er gerade managt. Ein Fußballtrainer kann sich Melancholie auch nicht leisten, wenn er gegen seinen Ex-Verein antritt.

Eine echte Human Brand – immer freundlich und verbindlich im Ton und unbarmherzig in der Sache. Jean-Claude Biver managt Hublot nicht mehr operativ, er züchtet Rinder auf seinem Bauernhof. Aber das reicht nicht. Neuer Auftrag für einen, der es nicht lassen kann: eine Smart Watch für TAG Heuer entwickeln. Der Technologiepartner ist mit Intel bereits im Boot, und der natürliche Feind heißt Apple. Bühne frei für den nächsten Streich eines geradlinigen Überzeugungstäters, wie zukunftszugewandte Marken ihn brauchen.

„WAS MACHT DIE BENCHMARKE, HERR PUNKE ?“

(BÜNTING TEE)

Wer bei Rewe in Wolfratshausen ins Teeregal schaut, findet die einschlägigen Verdächtigen. Messmer und Teekanne und so. Und den „Original Ostfriesentee“ im Beutel von Bünting. Das ist schon mal was, so weit weg von zu Hause – nicht für das größte, sondern für das älteste private Teehandelshaus aus Ostfriesland. 1806 fängt Johann Bünting dort an, wo mit 300 Litern im Jahr – Kuwait schafft nur 290 – immer noch der weltweit höchste Pro-Kopf-Konsum gemessen wird: in Ostfriesland. Hier hat man heute, unter den gut 450.000 gemeldeten Einheimischen, die ungestützte Markenbekanntheit von 96 %. Und jetzt haben sie im Stammhaus in Nortmoor genug davon, dass all die anderen wahren Teefreunde sich den legendären „Grünpack“ (ein Schwarztee, der heißt nur so) und die 99 anderen Bünting-Sorten immer so beschwerlich beschaffen müssen. Okay, sie können über die Website gehen, aber das ist nicht dasselbe. So eine Packung Tee will man anfassen, das Zellophan knistern und den Inhalt rascheln hören. Das steigert die Vorfreude auf die originalgetreue Gelassenheit.

Gut, dass man ihn zusehends auch im Süden kriegt. Der Plan: raus aus dem Norden, expandieren, rein in die Welt. „Da kennt uns keiner, das ändern wir jetzt!“ Wie wollen Sie, Herr Punke, denn gegen die Großen punkten? „Wir sind das Original und haben eine starke Markenstory, da brauchen wir keine zu erfinden. Unsere Geschichte ist einfach entstanden. Das ist unser Pfund, mit dem wuchern wir jetzt bundesweit." In Nortmoor, unweit von Leer, gibt es also die gute Herkunft für die gute Zukunft. Die sollen sogar die Asiaten schätzen lernen: Tee, blended in Germany, geprüft auf die Inhaltsstoffe nach allen Regeln der Kunst, in besonders schöner Verpackung. Der wird bei der anspruchsvollen Zielgruppe dort ankommen, wo der herkommt.

Geschäftsführer Stefan Punke schickt sich an, ganz Deutschland mit dem zu beglücken, wovon der eingeborene Kenner gewohnheitsmäßig mehr trinkt: „Dree is Ostfreesenrecht", drei Tassen sind Ostfriesenrecht. Irgendwo muss der Rekord ja herkommen. Bei Bünting im Büro trinken sie ihn gemeinsam, am großen Tisch in der kleinen Kantine, wenn es halb zehn ist in Deutschland. Und im Meeting auch. Da wird das Geschirr mit der Ostfriesenrose aufgefahren, das Stövchen fürs Kännchen, der Kluntje, die Sahne und das mürbe Gebäck. Wenn die Temperatur stimmt, knackt der Kandis beim Einschenken. Der Rahm wird mit dem flachen Roomleepel aufgelegt, am Tassenrand entlang und gegen den Uhrzeigersinn. Weil Teetrinken zelebriert gehört und auf diese Art die Zeit stillsteht. Wenn die Sahne versinkt und gleich wieder nach oben steigt, gibt es die schönsten „Wölkchen". So gelingt der erste Schluck meisterhaft, nur die oberste Schicht mit der Sahne, er darf auch geschlürft werden. Der zweite Schluck gehört dem puren Tee und der dritte dem süßen Finale mit dem aufgelösten Kandis. Jetzt ist klar, warum auf keinen Fall umgerührt wird. Bereit für die nächste Tasse. Und wann fängt das Meeting an? Gemach, wir sind schon mittendrin und pflegen das, was als ultimativer Nutzen im Markenkern steht: die Gelassenheit. Der Genießer soll die Welt um sich herum drei Tassen lang ein bisschen relaxter sehen.

„Wagen & Winnen" steht im Manifest und dass der Gründer Johann Bünting ein außerordentlich mutiger Mann war. Gewinnen, schreibt die Vision fest, wollen sie auf die emotionale Art: „Bünting Tee ist die Teemarke der Herzen." Und die Mission sagt, was sie wagen auf dem Weg zu diesem Ziel. Sie spricht von der Notwendigkeit, sich laufend weiterzuentwickeln, die Teefreunde da draußen mit immer neuen Ideen zu erfreuen und ihre Herzen immer wieder zu gewinnen. Eine große Aufgabe für ein Handelshaus mit niedrigerem zweistelligem Millionenumsatz. Wichtig ist, im seit Jahren schrumpfenden Markt weiterhin ordentlich zu wachsen. Und die Innovation: „Matcha to go" ist seit Kurzem im Regal; eine kleine Revolution für Bünting, nicht in Dose oder Beutel, sondern im Portionsstick zum Einrühren in Wasser oder Milch. Stefan Punke setzt damit auf den Megatrend Matcha und macht klipp und klar, dass auch dieses ein ehrliches Bünting-Produkt ist, das eins zu eins aus der Marke kommt: „Die trägt das. Weshalb immer nur Blätter mit heißem Wasser übergießen?" Wichtig ist außerdem, dass Chef-Tea-Taster Egbert Kolthoff auch dafür grünes Licht gibt und die Schadstoffprüfung auch hier die letzte entscheidende Instanz ist. Man legt Wert darauf, dass in der Mixvariante mit 14 % ordentlich viel echter Matcha drin ist und nicht, wie sonst so oft, wenig Edles und viel grünes Sonstiges. „Das Produkt ist ein schönes Wagnis auf unserer Mission", sagt Herr Punke. „Damit sind wir zum ersten Mal in der Situation, dass die anderen uns hinterherlaufen." Dafür sorgt auch der passende Shaker mit dem integrierten Schneebesen. In der Kombi soll das dem Tea-to-go-Trend ordentlich Vorschub leisten. Bünting ist damit auf dem Weg in ganz neue Convenience-Verkaufskanäle – bei Tankstellen und, warum nicht, den „Spätis" in Prenzlauer Berg.

In Leer bewahren sie in der Brunnenstraße 37 das Alte, die Markenstory, die heutigen Wurzeln der Identität. Wo alles beginnt, lädt Frau Hübl im Teemuseum zur originalen Teezeremonie aufs Sofa unterm Buddelschiff, dazu Rosinenstuten mit dick Butter. Strengst reglementiert – die Kanne fasst nur eine an! Das ist die eine Seite. Für die andere Seite, Benchmarke sein und bleiben mit „Wagen & Winnen", wird die Identität immer wieder neu vertont. Erdbeer-Käsekuchen-Tee macht sich gut im Regal. Für das Rötliche sorgen Hibiskus und Rote Beete, für das Beerige natürliche Aromen: „Bei Rose Feige haben wir die Wahl zwischen künstlichem Rosenaroma und natürlichem aus Rosenöl. Das Natürliche ist um den Faktor 12 teurer, aber wir nehmen das und haben dann ein Produkt, hinter dem wir mit unserer ganzen Teeüberzeugung stehen. Wir machen einfach keinen Schmu." 20 Beutel kosten dann eben 2,49 Euro und nicht 60 Cent für irgendwas aus Tee beim Discounter. Bünting ist tatsächlich High Class, und der Gelassenheitsfan hat auch hier die Wahl, wie immer und bei allem.

Damit das auch denen deutlich wird, die noch gar nicht wissen, was bei Bünting Gutes drin und dran ist, steht auch die Kommunikation für das Neue, Zeitgemäße: Hausfrauen drehen auf Youtube amüsante Teetrinkerfilme mit Kindern, Blogger äußern sich zur Blütentraum-Range, sehr im Trend, über den Rose Feige wie den Orange Bergamotte, auch über Jasminblüte Vanille. Das gibt eine Million Views im Netz, und aus der Kernzielgruppe postet einer: „Ihr macht nicht nur geilen Tee, ihr macht jetzt auch geile Werbung." So wollen sie schon sein in Nortmoor, dabei immer friesisch herb und pur: „Das Produkt ist der Held, auf das Blabla außen rum verzichten wir. Wenn es in der Werbung mehr als nur den Tee braucht, ist das Produkt falsch."

Für das richtige Produkt braucht es die Menschen, die so sind wie die bei Bünting. Chef-Tea-Taster Kolthoff ist bald 40 Jahre da und hat die Schlüsselposition. Am ellenlangen Verkostungstisch trägt er die blütenweiße Schürze zur Krawatte und bleibt bei der Arbeit, wie alle hier, bis in die Rente beim gepflegten „Sie". Was er ist, kann man werden, wenn man privat nicht Kaffee trinkt. Es lernt sich, ganz gelassen, beim Schlürfen vom Löffel, mundwarm, aus bis zu 300 Proben jeden Tag. Der Tee kreist durch den Mund, durch die Zähne zuzeln, die Zunge hilft mit, dann in die große Tonne, Runterschlucken ist nicht. Es zählen Fülldichte, Blattgrad und -gesicht, Farbe, Geschmack und Infusionsoptik. Wenn er cremt, ist das ziemlich gut. Man sieht dann die Gerbstoffe oben drauf und am Tassenrand, wie die Tannine beim Wein. Taster Kolthoff ist gustatorisch voll auf der Höhe. Auf das wenige, was bei ihm durchgeht, könnte man jetzt bieten. Die entsprechenden Chargen liegen in Asien noch in den Häfen. Aber jetzt kommt der Test auf Schadstoffe und da ist sehr oft Schluss. Stefan Punke weiß genau, dass absolute Klarheit und Verlässlichkeit die wichtigsten Assets der Marke sind: „Wir haben uns ein bisschen strengere Regeln auferlegt, als der Gesetzgeber sie vorsieht." Analyse schlägt Zunge, da muss Herr Kolthoff durch. Nur so sind ganz zum Schluss, wenn der Tee irgendwo in Deutschland in der Tasse dampft, die Markenwerte stimmig eingelöst, rund um den Markenkern Gelassenheit – leidenschaftlich, mutig, neugierig, echt.

Bei Bünting machen sie sogar die Beutel selbst. Sie falzen das Papierchen von der Rolle, füllen den Tee zehntelgrammgenau ein, bringen den dünnen Faden mit einem Miniknoten an, am anderen Ende das Schildchen mit der Sorte. Feinmechanik fast, es geht rasend schnell, Beutel für Beutel. Wo es rattert und teestaubig und laut ist und wo sie noch diese bemerkenswerte Mode pflegen, das Firmenlogo auf die weißen Hemdkragen zu applizieren, räumen sie auf mit der Mär, dass im Beutel bloß zusammengefegte Reste sind. In dieser Welt regiert ein anderer, zu 110 % committeter Markenbotschafter: Volker Scholz, Produktionsleiter, kommt jeden Tag aus Bremen. Viele Werkzeuge für die Maschinen baut er einfach selbst: „Ich will nicht immer auf den Lieferanten warten." Was er hier leitet, sagt er, „ist kein klassischer Produktionsbetrieb. Wir sind eine Edelschmiede und machen was ganz Besonderes." Die Art und Weise, wie die Maschinenbauerfinger über die gefüllte Tüte gleiten, die Schachtel mit den 20 Beuteln Türkischer Apfel streicheln, die Packung mit dem unschönen Knick aus der

Fertigungsstraße entfernen, macht deutlich, dass ein Spitzenprodukt nur dann gelingt, wenn alle Beteiligten es als solches behandeln. Intern geht vor extern, nur mit solchem Verhalten kommt die Botschaft an in der Werbung und im Regal. Der Auffüller im Supermarkt weiß dann im besten Fall auch etwas darüber, was er da präsentiert. So ist wahre Liebe zum Produkt im Spiel, in der Kette vom Verkosten bis zum Aufguss. Das spürt der Konsument.

Stefan Punke ist noch nicht so lange da. Als er zum ersten Mal den mit Liebe beklebten Umschlag mit dem handgeschriebenen Brief aufmacht, mit dem die Familie aus Frankfurt sich dafür bedankt, dass sie so einen tollen Tee machen, berührt ihn das total. Die Kollegen beruhigen ihn und erklären, dass die Post aus Hessen immer zu Weihnachten kommt. So was ist und bleibt für ihn „der Ritterschlag", der Lohn für alle Mühen. Herr Punke kommt von Lekkerland an den Teenabel der Welt, aus der Verantwortung als Geschäftsführer für 3.500 Leute. Hier sind es sehr viel weniger, dafür ist das hier ein Rohdiamant. Daraus will er das machen, „wovon man in zehn Jahren sagt, das ist ein Produkt von nationaler Bedeutung. Ich möchte, dass es das Leben der Menschen bereichert." Die Latte liegt hoch. So ist das bei Benchmarken, auch den ostfriesischen.

DIE BENCHMARKE ...

IST STANDHAFT

- Marke kommt von markant sein. Wer sich profilieren will, muss Profil zeigen.
- Kontinuität ist der Schlüssel zum Erfolg. „Heute so, morgen so" verwirrt den Kunden und reduziert die Glaubwürdigkeit des Markenversprechens.
- Standhafte Marken sind konsequent. Sie wachsen gern, aber nicht zulasten ihrer eindeutigen und trennscharfen Positionierung.

Von Alfons Schuhbeck hält jeder was – der eine ganz viel, der andere nichts bis gar nichts. Der Mann ist ein Selbstmarketing-Genie, nebenbei kocht er auch, mit Michelin-Stern. Er versteht es meisterhaft, aus seinen Mitmenschen eine Zwei-Klassen-Gesellschaft zu machen: Die einen lieben ihn so sehr, dass sie in München zuallererst zum Platzl rennen, direkt beim Hofbräuhaus, wo alles total verschuhbeckt ist. Da kaufen sie irgendetwas, wo sein Name draufsteht: ein teures Säckchen Frühstücksquark-Gewürz, ein teures handsigniertes Buch „Meine FC Bayern Fitnessküche", einen teuren Rheingau-Riesling „Schuhbecks Hattenheimer Wisselbrunnen 2010 – Weingut Graf Schönborn exklusiv für Alfons Schuhbeck"… Was, ist wurscht, nur die weiß-blaue Papiertüte mit dem Logo drauf muss sein! Sie ist die Michael Kors-Bag des kleinen Mannes, und wenn der damit zurückkehrt nach Funzenhausen, ist großes Hallo mit den Daheimgebliebenen. Dann liegt große, weite Welt in der Luft: Der aus dem Fernsehen bei uns daheim! Das „Gewürzsalz für Pommes" rottet dann einige Jahre im Regal, bis das MHD abgelaufen ist.

Ich find den gut. Der ist so was von pur und ehrlich, wie wir es alle gern wären.

Großer Neid, das muss man erst mal schaffen! Die meisten Meinungsstarken, die wir kennen, finden den Meister doof. Und wir fragen uns, wo all diejenigen stecken, die seine prall gefüllten Tüten nach Hause wuchten. Die schalten das preissensible Hirn auf Stand-by, wenn sie in München am Platzl unterwegs sind. Stattdessen regiert dann das Unbedingt-haben-wollen-Zentrum, unterbewusst gesteuert. Das Hirn weiß, dass der Riesling aus dem Rheingau die 18,50 Euro nicht wert ist, bloß weil auf dem bunten Etikett der Name von dem Koch drauf ist. (Einen 2011 Schloss Schönborn Riesling Qualitätswein trocken Rheingau mit dem Namen vom Schloss Schönborn auf dem Etikett gibt es im Onlineshop vom Schloss Schönborn für 8,25 Euro. Ohne den Koch drauf, da verdient der ja nicht mit.) Aber das Herz des wahren Fans will die teure Flasche unbedingt haben.

Neid ist die höchste Form der Anerkennung. Dass der Schuhbeck sich diese uralte Weisheit zunutze macht, darf man ihm nicht vorwerfen.

Der Schuhbeck verkauft gar kein Essen und Trinken, sondern Andenken an eine schöne Zeit. So vergrößert er den Markt, und die Kunden kaufen viel impulsiver. Das beste Argument dafür: Bei dem mache ich nichts falsch.

All die anderen steigen im Affekt um auf TK-Pizza, wenn sie diesen Namen hören. Am wichtigsten: Wir kennen keinen, dem er irgendwie egal ist. Wenn die Marke beliebig ist, wenn sie weder viele Fans noch echte Ablehner hat, ist sie schwach. Dem Schuhbeck passiert das nicht. Er ist einer, der ungebremst seinen Weg geht. Das findet man, je nach Perspektive, bewundernswert bis ungenügend reflektiert. Es geht so weit, dass man sich abstruse Geschichten vom Typus „Ich kenne da einen, der kennt einen, dem seinem Schwiegervater ist Folgendes passiert ..." erzählt. Alle hören gebannt zu und reißen Mund und Augen auf – gibt's ja gar nicht! Die stärkste Geschichte geht so: Da ist ein Pärchen fein essen beim Schuhbeck, in den Südtiroler Stuben, und irgendwann fangen sie an, vom Teller des anderen zu kosten. Da bringt der Ober mit der Rechnungsmappe einen Brief, in dem man darum bittet, demnächst woanders teuer zu speisen, aber nicht mehr hier. Was für schönes Gesprächsfutter für handgekochte Abendessen daheim im Kreise guter Freunde. Übers Essen quatschen geht immer, und Promi-Köche bashen sowieso. Hier schwadroniert jeder mit, und jeder hat von diesem Schwiegervater schon gehört, dem das Unglaubliche widerfahren ist. Etwas Besseres kann dem Schuhbeck nicht passieren. Bad news are good news, alte Journalistenweisheit. Da will man nachsehen, ob das stimmt, und zum Höhepunkt des Abends vom Teller gegenüber kosten ... Als die Luft ein bisschen raus ist aus der Story, tritt der Meister, gut beraten, wie er ist, die Flucht nach vorn an und dreht die Nummer eins weiter: Rufschädigung! 500 Euro für jeden, der einen solchen Rausschmiss-Brief vorlegen kann! Die Knallpresse ist fröhlich mit von der Partie. Hier handelt es sich um exquisite PR, die zwei Dinge kongenial vereint: Man bewahrt Haltung und bekommt kostenfreie Werbung satt – und darüber hinaus viel mehr Airtime an den ambitioniert bespielten Abendbrottischen des gehobenen Bürgertums. Es spricht sich eben angenehmer über so etwas als über Religion und Politik, ein echtes klassenloses Conversation Piece.

„In" ist nur der, über den gelästert wird: Ich kenne die Story vom Vendôme in Bensberg.

Die wichtigste Regel bei der Markenführung, ist die Identität erst mal sauber aufgestellt: Kontinuität. Wer bei Gegendruck schnell umfällt, spielt den Feinden der als stark wahrgenommenen Positionierung in die Hände; dann herrschen Wankelmut, Duckmäusertum, Fähnlein-im-Wind-Attitüde. Dabei gilt, dass man überschätzt, was die starke Marke in einem Jahr zu erreichen vermag, und unterschätzt, was in fünf Jahren geht. Die wichtigsten Bausteine, die die gefühlte Kontinuität ausmachen, sind Haltung, Langmut und Konsequenz. Wer einen sauberen Positionierungsprozess durchführt, stark aufgestellt ist und aus dem Glauben über seine Stärke Wissen macht, kann sich zwar weiterhin nicht entspannt zurücklehnen. Aber er weiß, dass alles, was er tut, auf die Marke einzahlt und sie immer noch ein bisschen kraftvoller, widerstandsfähiger und zukunftsfähiger macht. Wie beim Schuhbeck: Hier ist es die richtige Würzmischung aus Intuition, Strategie und eben Kontinuität. Das führt dazu, dass die Kritiker sich an ihm die Zähne ausbeißen.

Und Demut: Schuhbeck funktioniert besonders in München. Deshalb macht er nicht den bayerischen Gosch und in jedem dritten Einkaufszentrum eine Knödelstube auf.

Wer standhaft bleibt, sorgt für spannende Geschichten, die man weitererzählt. Dazu gehört auch, dass starke Marken sich wehren. Alles muss man sich, gerade in Zeiten, in denen jeder im Internet alles über alle und alles erzählen darf, nicht bieten lassen. Sagt sich auch das Broadway Hotel im englischen Blackpool und schickt dem Ehepaar, das den Laden nach dem Aufenthalt als „schmutzigen, stinkenden, verdorbenen Schuppen, der von Muppets geführt wird" bezeichnet, eine Extrarechnung über 130 Euro. Nachträglich abgebucht von der Kreditkarte, wie es der kleine Satz auf der Buchungsbestätigung androht: „Obwohl viele Kunden unser Hotel lieben, wird es bei Ihnen vielleicht anders sein. Für jede schlechte Kritik auf irgendeiner Website werden wir 100 Pfund berechnen." Hier kann man trefflich drüber streiten, ob das sauber und gerechtfertigt ist. Die einen sagen, recht haben sie, wo kommen wir da hin, wenn sich so ein paar Sparbrötchen nach einer Nacht im Broadway für ganze 36 Pfund drüber aufmanteln,

Auf welchem fernen Offlinestern leben die denn? Likes, Kommentare und Teilen sind heute die wahren Schlüssel zum Erfolg.

dass sie nicht begastet wurden wie in London im Savoy? Die anderen sagen, geht's noch, was sind das denn für Wegelagerermethoden? Beides gut. Vor allem: Keiner hat keine Meinung dazu. Die Reporterin vom Guardian schläft sogar Probe in Blackpool und berichtet anschließend unter der Überschrift „Bitte keine Strafgebühr – ich bin Journalistin: Eine Nacht im Broadway Hotel". Das Haus schafft es mit der Story in die Presse bis nach Japan, und die wackeren Hoteliers in Blackpool beweisen Haltung. Okay, der Laden ist inzwischen dicht – konsequente Kante bis zum Ende.

Wenn alle Leute drüber sprechen, aber Blackpool vorsichtshalber aus dem Navi löschen, haben die Freaks vom Broadway zwar viel von Marketing kapiert, jedoch nichts von Empfehlungsmarketing.

Das Union Street Guesthouse in Hudson, in den Catskills nahe New York, gibt es noch. Hier hat man eine spitze, krisenfeste Positionierung als Hochzeits-Location; geheiratet wird immer. Die Buchungs- und Stornobedingungen unter „Rates & Policies" auf der Website kommen rüber wie die Knastregeln auf Kamtschatka und sind eine Kaffeepause wert. Was nachfragestarke Marken sich erlauben können … Und: Zum Tango gehören immer zwei – die einen machen es und die anderen lassen es mit sich machen. Eine Zeit lang waren in Hudson 500 Dollar für eine negative Online-Meinung fällig. Inzwischen ist die Regelung gekillt, sie war dann doch nicht haltbar. Die Story vom tollen PR-Stunt bleibt.

Auch Standhaftigkeit hat ihre Grenzen und ist nicht mit Uneinsichtigkeit zu verwechseln. Das ist ein feiner Grat. Die Benchmarke ist im besten Fall so belastbar, widerstandsfähig und dehnbar wie Bambus: Sie weiß, wann es richtig ist, hart zu bleiben; sie weiß auch, wo es gut ist, nachzugeben; sich zu biegen, ohne zu verbiegen. Wer weiß, vielmehr spürt, was er warum tut, drückt bei Gegenwind den Rücken durch. Er ist mit offenem Visier unterwegs und muss sich niemals verstecken. Und er kämpft: Lindt und Riegelein stritten länger als zehn Jahre vor Gericht darum, wer den Schokoladenhasen goldfarben verpacken darf – nur Lindt am Zürichsee oder auch Riegelein in Cadolzburg. Schließlich mussten sich die Schweizer vor dem Bundesgerichtshof geschlagen geben. Das wird sie nicht davon abhalten, weiter gegen vermeintliche Nachahmer vorzugehen. Sie sagen, es ist ganz einfach: Wenn man eine starke Marke ist, muss man sie schützen. Und je stärker sie ist, desto eher bekommt man recht. Ganz abgesehen davon, dass die interessante begleitende Berichterstattung ihnen genauso wie dem deutschen Konkurrenten dient. Beide Seiten werden den High Five gemacht haben, miteinander (und die Anwälte auch).

Wieso gibt es keine verlässliche Studie über Gerichtsprozesse, die die späteren Streithähne vorher in einem schlecht belüfteten Hinterzimmer auf der Autobahnraststätte ausgeheckt haben?

Auch die öffentlichkeitswirksame Gegenwehr gegen nicht belegbare Behauptungen traut sich nur einer, der sich voll im Saft stehend oder sehr im Recht fühlt. Am besten beides, denn wenn man verliert, war es nicht nur mühevoll und teuer, sondern nagt es auch gewaltig am guten Ruf. Ritter Sport zieht es so gelassen wie kompromissfrei durch: der Mittelständler gegen die Stiftung Warentest, Alfred T. Ritter gegen die Bundesrepublik Deutschland. Letztlich siegt er im Streit darüber, ob bei der Sorte Voll-Nuss ein Vanillearoma irreführend gekennzeichnet ist. Die Stiftung hatte Ja gesagt und der Schokolade die Note mangelhaft gegeben. Das Gericht sagt Nein, und der Schoko-Chef, ganz der edle Ritter, verzichtet auf Schadenersatz wegen Rufschädigung und so. Das kommt noch mal positiv an in der Öffentlichkeit, wie jede Nachricht davon, dass ein David gegen einen Goliath gewinnt. Insgesamt profitiert Ritter Sport davon, trotz der schlechten Note von einer Organisation, die in den Augen vieler die Wahrheit und nichts als die Wahrheit verkörpert. Dass da in der Schokolade was Komisches drin sein soll – geschenkt: Nach dem Prinzip des asynchronen Vergessens erinnert man sich eher an das Positive als an das Negative und tendiert deshalb dazu, ein Stückchen Voll-Nuss mehr pro Tag zu essen als sowieso schon.

Das füllt bei Lieschen Müller höchstens ein Sommerloch. Wenn es wenigstens darum gegangen wäre, ob die Nüsse voll genug sind ...

Der Erfolg ist mit den konstruktiv Standhaften. Wenn Opel den Kleinwagen Adam plötzlich bei Tchibo über die Kaffeetheke vercheckt, ist das problematisch: Auf der einen Seite geht es denen so dringend um Vertrauens- und Imagegewinn, auf der anderen Seite muss ganz dringend Absatzvolumen her. Eine wirklich nicht beneidenswerte Stuck-in-the-middle-Situation. Den Adam gibt es vorübergehend als Sonderedition dort, wo es das Schalen-Bikini-Top für 12,95 Euro, mit zehn Treuebohnen (das sind die Lufthansa-Meilen bei Tchibo) für nur 10,95 Euro, und den Solar-Gartenbrunnen für 89,95 Euro gibt. In Cappuccino-Braun-Weiß, mit allerlei Schnick und Schnack und einem Preisvorteil von 300 Euro gegenüber dem Listenpreis. On top eine Kaffeemaschine. Das liegt erst mal nah, Tchibo und Kleinwagen passen vom Brand-fit her ganz gut zusammen. Aber das Image insgesamt leidet: Potenzielle Käufer der ambitionierten Hochpreismodelle wie Cascada und Insignia, wuschig gemacht mit der ambitionierten Imagekampagne „Umparken im Kopf", werden provoziert, lieber zur etablierten Hochpreis-Konkurrenz zu gehen. Sie kriegen das Bikini-Top und den Gartenbrunnen einfach nicht aus dem Kopf, wenn sie an ihr Traumauto von Tchibo, äh, Opel denken.

Die Aktion ist sensationell: Endlich ein Top-Touchpoint mit der weiblichen Kundenwelt. Frauen wollen ihre Samstagvormittage noch viel weniger als Männer beim Autohändler unterm Gummibaum verbringen.

Das macht die Marke beliebig. Das Marketing bei Opel konterkariert mit der Abverkaufsrampe Tchibo die Bemühungen der Kollegen von der Strategieabteilung um mehr Begehrlichkeit. Die wollen nichts sehnsüchtiger als Autos verkaufen, die so abgehen wie der Adidas Yeezy Boost Schuh von Kanye West – ausverkauft, nach einer Minute, ohne Rabattdiskussion. Und 300 Euro Preisvorteil gegenüber dem Listenpreis, Kaffeemaschine hin oder her, können nicht Opels Ernst sein. Jeder Fahranfänger weiß, dass man bei Kleinwagen feilschen kann wie die Kesselflicker. Die Sonderfarbe macht da nichts wett. Hier ist eine Marke weiterhin nicht standhaft und fällt immer wieder um, wenn das schnelle Geschäft lockt; zulasten von Image, Begehrlichkeit und Rabattresistenz.

Opel muss konsequenter weg vom Popel-Image. Da kann Tchibo unterstützen: ähnliche Preispositionierung, interessante Innenstadtlagen, entspannte Ansprache beim Kaffeekauf. Und – Kaffeebraun war seinerzeit DIE Farbe.

DIE BENCHMARKE ...

IST EIN GENUSS

- Größer, schneller, weiter ist in kaufkräftigen Zielgruppen kein Thema mehr. Starke Marken bieten eher Fluchten aus dem Alltag und bereichern das Leben.
- Es gibt nicht den einen Genießer, sondern fünf Genießertypen, die sich in ihren Präferenzen und ihrem Konsumverhalten unterscheiden und individuell ansprechen lassen.
- Wer seine Kunden am Point of Genuss abholt, begeistert und verkauft mehr.

Der klassische Point of Sale hat ausgedient. Genauso wie die klassischen Zielgruppen – es gibt nicht mehr „die Angler" (stattdessen gibt es Raubfischangler, Friedfischangler, Meeresangler, Fliegenfischer ...), „die Natururlauber" (stattdessen gibt es Wohnmobilfahrer, Hausbootfreunde, Camper, Wanderer, Mountainbiker, Gleitschirmflieger ...) und „die Kreditnehmer" (stattdessen gibt es sensible Neuwagenfinanzierer, lustvolle Kreuzfahrer auf Pump und Leute, die nehmen, was sie kriegen können, und aus dem Geld viel mehr Geld machen wollen). Sie alle wollen nicht mehr an einem PoS über den einen Kamm geschoren werden. Sie wollen, dass man genau ihnen auf Augenhöhe begegnet; dort, wo ihre Wünsche und Bedürfnisse angesiedelt sind; und die sind bei jedem anders. Hier herrscht großer Nachholbedarf: Die Regale, Broschüren und Messestände sehen alle gleich aus. Es gibt keine Highlights und keine Ruheinseln fürs Auge, der Kunde wird weder begeistert noch sinnlich beim Aufmerksamkeits-, Auswahl- und Kaufprozess begleitet. Aber: Nur wenn das gelingt, weiten sich seine Augen, werden Hirnströme angeregt, kann man seine Gunst und damit den Kampf am Regal gewinnen. Viel zu viele Unternehmen buhlen jeden Tag in der Aufmerksamkeitshölle um den Konsumenten. Da heißt es neu denken und sich den neuen Herausforderungen stellen.

Das nennen wir in der Wissenschaft Fragmentierung. Und die schreitet immer weiter voran, auf dem Weg zum One-to-one-Marketing für den einzelnen Konsumenten.

Generalisierte Wunschwelten der Kundschaft, die man bequem ganz generell bedienen kann, gibt es nicht mehr. Darüber hinaus verändern sich die Bedürfnisse und Wünsche der Menschen dramatisch: Sich zurücklehnen und sich wohlfühlen sind für viele wichtiger als Macht, Prestige und Einfluss. Viele Konsumenten verabschieden sich vom hedonistisch geprägten Anhäufen von Gütern und suchen stattdessen verstärkt nach immateriellen Werten. Sie wollen echt genießen. Man spricht über soziale Verantwortung und Nachhaltigkeit und engagiert sich dafür, geht weniger essen und kocht mehr selbst, freut sich daheim bei einer großen Tasse Lieblingskaffee darüber, dass man alles hat,

Interessante These, teile ich. Andreas von Bechtolsheim (Ex-Sun), Peter Thiel (Ex-PayPal) und Jan-Henric Büttner (Ex-AOL Europe) eher nicht. Die könnten sich seit Jahren zurücklehnen, sichern aber lieber ihren Einfluss.

was man braucht. Jetzt kommt das dran, was nur die wenigsten Produkte glaubwürdig bieten – Freude, Freunde, Liebe, das gute Gefühl, Glück. Besonders kulinarische Genüsse sollen dabei unterstützend wirken: sich und andere verwöhnen; Leckereien, die Auszeiten im Alltag und Inseln des Wohlfühlens schaffen; Momente, in denen man so sein darf, wie man ist ... Wer da zeitgemäß denkt und handelt, hat den Vorsprung.

Dem Genuss und seinen Märkten gehört die Zukunft. Der Begriff taucht vermehrt in den Analysen von Trendforschern, Soziologen und Psychologen auf. Und Unternehmen können mit Genießerbranding den neuen Bedürfnissen und Wünschen ihrer Kunden besonders gut entsprechen. Sie beginnen sich darauf einzustellen. Dafür braucht es neue fundierte Strategien, Konzepte und Geschäftsideen. Leitfragen dabei sind: Wer sind unsere Wunschkunden? Wie schaffen wir ganz gezielt Welten des Genusses, in denen sie sich wiederfinden? Wie kreieren wir damit spürbare Markenerlebnisse, die für Absatz sorgen und Preise stabil halten? Den Wettbewerb um den anspruchsvollen Genießer werden diejenigen gewinnen, die ihn wirklich verstehen und mit den angebotenen Produkten und Leistungen schlüssig nachvollziehbar gerade auch seine immateriellen Wünsche befriedigen. Es sind häufig die, die der aufgeklärte kritische Konsument besonders mit Ethik und Moral, Echtheit und Gesundheit verknüpft. Solche Erfüllungen sind für ihn der wahre Genuss. Wer das versteht, hat die Chance, mit weniger Ware und Leistung für den Richtigen mehr Umsatz und Gewinn zu machen. Er verspricht solche Werte glaubwürdig – und löst dieses Versprechen dann schlüssig ein.

Andersrum stimmt es: Marketing und Werbung haben den Genusstrend erst groß gemacht. Der Yogamarkt ist weltweit 70 Milliarden Dollar schwer (früher hieß das „Gymnastik in der Vereinsturnhalle"). Das ist das Ergebnis penetranter Kommunikation.

Dafür ist es notwendig, die unterschiedlichen Ausprägungen von Genussempfinden strategisch zu erfassen und eine Typologie des Genusses einzuführen. Die Basis dafür bilden Erkenntnisse aus der Psychologie: Bei der Erklärung der menschlichen

Und Michael Porter hat die ewigen „five forces". Was hast du denn für five irgendwas? Bin gespannt!

Persönlichkeit stoßen Forscher immer wieder auf dieselben unterschiedlichen Ausprägungen – die sogenannten Big Five. Inspiriert von dieser anerkannten Methodik und den jeweiligen Auswirkungen auf Wahrnehmen und Erleben werden fünf zeitgemäße Genießertypen abgeleitet. Diese Gliederung ermöglicht es erstmals, Genusserleben wirklich zu verstehen und für Marketing und Kommunikation greifbar zu machen:

- „Broadway-Genießer" sind extrovertiert und fühlen sich in Gruppen und bei gesellschaftlichen Anlässen besonders wohl. Sie sind selbstsicher, lieben es, sich zu inszenieren, und haben oft ein heiteres Gemüt.

- „Mayflower-Genießer" sind wissbegierig, fantasievoll und experimentierfreudig. Sie hinterfragen bestehende Normen kritisch; und neue, ungewohnte Erfahrungen bereiten ihnen besonders viel Vergnügen.

- „Filofax-Genießer" sind gewissenhaft, organisiert und sorgfältig. Wenn alles nach Plan läuft und es keine Überraschungen gibt, fühlen sie sich besonders wohl.

- „Bambi-Genießer" sind liebevoll und hilfsbereit. Sie genießen harmonische und vertraute Situationen.

- „Impuls-Genießer" wissen nicht so recht, was sie wollen, und probieren vieles aus. Sie sind häufig sprunghaft und an allen möglichen Themen interessiert. Genießen fällt ihnen grundsätzlich schwer.

Ich überleg die ganze Zeit, welche Hauptausprägung ich habe. Und was meine Frau sagen würde. Vermutlich gibt es hier einen Unterschied zwischen Selbstbild und Fremdbild?

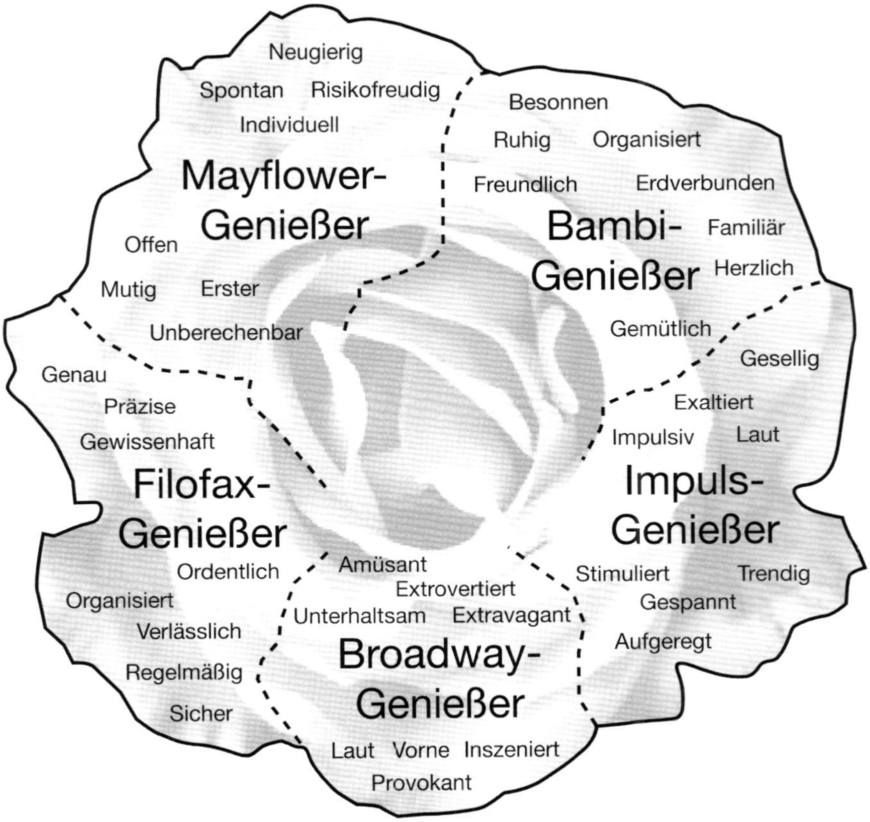

Genießerrose: Genießertypen und Genussdimensionen (© brandamazing)

Auf der Basis dieser Typisierung wird untersucht, wie das individuelle Persönlichkeitsprofil das Empfinden von Genussmomenten beeinflusst. 8.200 Konsumenten beantworteten die Frage „Wie genießen Sie denn?". Sie bewerteten zudem 25 typische Lebenssituationen bezüglich des Genussgehalts. Die Antworten lassen Unterschiede und Gemeinsamkeiten im Erleben von Genusssituationen deutlich werden und spiegeln die wichtigsten Lebensbereiche, in denen Genuss erlebt wird, wider – von „Für mich überhaupt kein Genuss" bis „Für mich ein großer Genuss".

Es zeigt sich, dass das Persönlichkeitsprofil eines Menschen starken Einfluss darauf hat, was als Genuss empfunden wird. Dabei gibt es den vollkommen reinen Typen nicht. Jedoch hat jeder Mensch eine Hauptausprägung; er findet sich in einem der fünf Typen am ehesten wieder. Die Erkenntnisse über Verhaltenspräferenzen der in der Genießerrose dargestellten Typen ermöglichen Marken- und Marketingverantwortlichen die genussorientierte Positionierungs- und Segmentierungsarbeit.

Geht das auch bei B-to-B, für Nippelspanner und Einspritzpumpen?

Während beispielsweise ein Mayflower-Genießer besondere Freude an neuen und unbekannten Situationen hat, liebt es der Filofax-Genießer strukturiert und planbar. Bei der Dimension Broadway-Genießer zeigt sich, dass es hier einen höheren Anteil an Frauen mit starker Ausprägung gibt. Dafür sind unter den Männern deutlich mehr Mayflower-Genießer, neugierig und offen für neue Erfahrungen. Die Ergebnisse werden nach Geschlecht und Altersklassen fein segmentiert und interpretiert, als wesentliche Customer Insights für die tragfähige Positionierungsarbeit.

Der Point of Sale wird zum Point of Genuss. Wenn ein Unternehmen realisiert, dass heute die kleinen leisen Momente der Begeisterung zählen, und sein Angebot auf der Grundlage seiner Marken-Persönlichkeit ganz bewusst und ganz spitz auf den explizit angesprochenen Genießertypus ausrichtet, muss es weniger tun und hat damit mehr Erfolg.

Hier gibt es die große Chance zur Differenzierung für kleinere Unternehmen: Klein allein ist schon eine zeitgemäße Wohltat. Adidas, Hornbach und Ikea machen da keine Punkte.

Dies, indem es seinen Wunschkonsumenten klar definiert und so anspricht, dass er sich hundertprozentig abgeholt fühlt – ernst genommen, wertgeschätzt, begeistert. Dann ist das Markenversprechen nachvollziehbar attraktiv und es kann leicht gehalten werden. Und für alle anderen (die Genießertypen, die nicht im Fokus stehen) braucht man nichts zu tun, weil man sie als Kunden nicht unbedingt möchte. Das gibt Sicherheit und es entlastet: Was weggelassen werden kann, ist gut. Lieber auf das Wesentliche konzentrieren – auf Kunden, die man wirklich kennt. Das stärkt außerdem die Verhandlungsposition: Was moderne Kunden wirklich wollen, will der Handel auch. Hier ergeben sich dann ganz nebenbei interessante Effekte für anstehende Jahresgespräche, was Mengen, Nachlässe und Margen angeht.

Profilierte Marken müssen echte Genussmomente erlebbar machen. Tun sie das nicht, drohen Ablehnung und Konsumverweigerung als natürliche Schutzreaktionen. Verantwortliche in Marketing und Kommunikation sind nun aufgefordert, Produkte, Dienstleistungen und Kommunikationsformen zu schaffen, die den Verhaltensmustern der unterschiedlichen Genießertypen entsprechen. Mit der Genießertypologie wird diese Annäherung möglich: Momente des Genusses können strategisch hergeleitet, in Produkt-, Dienstleistungs- und Kommunikationskonzepte übersetzt und schließlich am Point of Genuss (PoG) bewusst provoziert werden. Gelingt es, zahlen Kunden es mit Markentreue doppelt und dreifach zurück.

Wir beobachten hier Eskapismus: dem lauten Alltag entfliehen. Pionier in diesem Feld ist schon lange Starbucks. Da gibt es das kleine Glück für zwischendurch (und fürs große Geld).

Vom PoS zum PoG: Die Typologie des Genusses kann im Unternehmen als Grundlage für die Positionierung von Marken und Produkten sowie zur griffigen Segmentierung von Zielkunden implementiert werden. In der operativen Umsetzung dient sie als Basis für die interne Entwicklung von neuen Produkten und für das Briefing der Agenturdienstleister. Alle Aktivitäten in Marketing und Kommunikation werden im Sinne des qualitativen Kommunikations-Controllings daran gemessen, inwiefern sie auf die definierte Genießer-Positionierung einzahlen. Vom Produkt über den Messeauftritt und Konditionenverhandlungen bis hin zur Ansprache des Verbrauchers auf der Fläche und des Einkäufers im Konferenzraum – jeder wahrnehmbare Kontaktpunkt wird dann dafür genutzt, kleine Genussmomente erlebbar zu machen. Und den Kunden von morgen schon heute zu begeistern.

Vorbildlich reagiert St. Moritz auf den Wandel. Der Slogan „Top of the world", Mitte der Achtziger markenrechtlich geschützt und ursprünglich ganz anders verstanden als lange Zeit von den Freunden teuersten Vergnügens, wird neu vertont: nicht länger verblasster Hedonismus mit Ozelot, Magnumflaschen und schwarzen Kreditkarten, sondern wieder ureigene Hochklassigkeit und Qualität, in jeder Preislage. Ariane Ehrat, die Tourismusdirektorin der Destination Engadin St. Moritz: „Heute, wo die Gesellschaft nach Sinn sucht und wo sie wieder etwas bewegen möchte, sind wir wieder dort, wofür der Slogan geschaffen wurde – der Anspruch ist Spitzenleistung, unabhängig vom Preisschild. Das ist die Jugendherberge wie das Fünf-Sterne-Hotel, die Wanderwege genauso wie die besten Pulverschneepisten der Alpen." St. Moritz versteht zeitgemäßes Genießerbranding.

Gute Managerin, guter Ansatz. St. Moritz ist nicht für jeden und will es nicht sein. Deshalb weiterhin Champagner und nicht etwa Sekt. Hier wandert und genießt man in Lowa und Mammut und nicht in Rodeo und Crane.

Die Angebote sind fein segmentiert und zugespitzt auf Mikrozielgruppen, Genießertypen in allen Haupt- und Nebenausprägungen. Jeder kann sich wiederfinden, und alle tun es unter dem Logo von St. Moritz, der bereits am 7. April 1937 geschützten Sonne. Ariane Ehrat: „Ich freue mich über den Wandel in der Gesellschaft, wofür wir den Slogan wieder neu interpretieren, um morgen noch ‚Top of the world' zu sein. Dafür braucht es Mut, wir haben ihn." Ein Schritt dorthin ist der neue Champagner, ganz ohne geht es hier nicht und muss es nicht gehen: St. Moritz legt einen eigenen kleinen Winzerchampagner auf. Die Hausmarke kommt nicht länger von den großen Handelshäusern, die alle kennen, bei denen aber keiner weiß, was genau das Besondere ist, während man in jedem Fall viel zu viel bezahlt. Der neue trifft diesen Nerv der Zeit, es geht weg vom Etikettentrinker, hin zum Genießer des Inhalts. Er heißt schlicht „Cuvée St. Moritz Top of the world" und stammt von Pierre Gimonnet & Fils.

Das ist, wichtig, weiterhin nichts für Erika und Horst aus HH-Mümmelmannsberg. Und was die angestammten Zielgruppen und ihre veränderten Bedürfnisse angeht, geht es in die richtige Richtung.

Aus dem Benchmarkentagebuch

von Henkel & Berndt

Rabatt gibt's auf fast alles – außer Tiernahrung. Vorher haben sie bestimmt 26 % auf die großen Rotpreisschilder draufgeschraubt. Dass das immer noch läuft …

Wie machen Hülsta, Form Exklusiv, Rolf Benz und die 83 anderen das bloß, dass man sie mit der Rabattschlacht verschont?

Ich wüsste nicht, welcher Geldautomaten-User wissen will, was zur Hölle eine „Multikanalbank" ist.

Außerdem muss es „bei" und nicht „in" heißen, da in dem überheizten Vorzimmer für Kleinsparer wie dich.

„WAS MACHT DIE BENCHMARKE, HERR PAPENFUSS ?“

(KALDEWEI)

Bei Kaldewei gibt es keinen Werksverkauf. Erst recht keine 2. Wahl, nirgends, für niemanden. Duschen, Badewannen und Waschtische, die nicht zu 100 % den hohen Ansprüchen an Qualität und Verarbeitung genügen, gehen stattdessen zum Einschmelzen. Das ist man dem eindeutigen Bekenntnis zur Marke einfach schuldig. Kaldewei ist Duschen und Baden – aber Waschbecken? Nur konsequent, die Erweiterung des Produktprogramms: Im Bad ist das, wo man sich reinsetzt und draufstellt, bisher oft aus Stahl-Email und dann meist von Kaldewei; alles andere meist aus Keramik. Jetzt ist zusehends alles zum Baden, Duschen und Waschen einheitlich aus dem Material, aus dem die Welt von Kaldewei ist – der unzertrennlichen Verbindung aus robustem Stahl und widerstandsfähigem Glas.

Am Sitz in Ahlen hat man die eigene Formel fürs Email, das in der eigenen Schmelze selbst hergestellt wird. Alle anderen Hersteller, auch Roca in Spanien und Bette in Deutschland, kaufen es zu. Bei Kaldewei behält man lieber alles in der eigenen Hand: „Wir haben die ganze Prozesskette, die gesamte Wertschöpfung, von der Emailschmelze über die Stahlverformung und die Emaillierung bis zum fertig verpackten Produkt, unter Kontrolle.“ Komplett engineered und made in Germany. Das ist eine starke Geschichte in einer Zeit, in der man nie genau weiß, ob wirklich das drin ist, was irgendwo draufsteht. Sogar Vonovia, früher bekannt als Deutsche Annington und der größte Wohnungsvermieter in Deutschland, baut in seinen Bädern Wannen von Kaldewei ein. Da rechnet man mit jedem Cent und genau deshalb nehmen sie das Markenprodukt. Arndt Papenfuß: „Ganz einfach, die muss 30 Jahre halten. Die Kombination aus dem robustem Stahl und dem selbst hergestellten Email nach eigener Rezeptur garantiert die geforderte Wertbeständigkeit." Die Kraft starker Geschichten, meint der Bereichsleiter Marketing, kann man noch viel mehr nutzen. Dabei entwirft schon die von Vonovia ein schönes Bild von Kaldewei im Kopf. Die vom typischen Sanitärinstallateur auch; der sagt: „Kaldewei kann ich immer verkaufen. Das ist wie mit der Waschmaschine von Miele." Das Produkt ist hochpreisiger – und seinen Preis wert. Das gelingt, wenn Werte wie Vertrauen, Qualität und Langlebigkeit beim Verwender wirklich spürbar werden und nicht bloß irgendwo als Anspruch hingeschrieben stehen, um dann schnell vergessen zu werden.

Die Story von dem Hotelneubau in München ist die emotionalste: Sommer, granatenheiß, die Monteure tragen die Wannen nach oben. Modell Meisterstück, frei stehend, fugenlos, vollemailliert, knapp 120 Kilo. Herr Papenfuß hört den Meister schnaufen: „Sauschwer, die Dinger, aber mal richtig Qualität." Die gibt es auch in Häusern wie dem Chedi in Andermatt, dem Schloss Elmau Retreat und dem Kölner Le Méridien Dom Hotel. Bei den Duschflächen im Motel One auch. Man ist halt Benchmarke, bei Materialien, Fertigung und Haltbarkeit. Jetzt soll sie noch mehr auch die in den Herzen sein. Schöne Auslöser dafür sind die neuen Waschtische der Produktlinien Emerso, Cono, Puro, Centro und Silenio – alle gefertigt aus Kaldewei Stahl-Email. Unterstützt wird dieses Ziel auch dadurch, dass man vieles in den Badwelten im Kaldewei Kompetenz Center mit allen Sinnen erleben kann. Und die Werksführung wird leidenschaftlicher, mit dem Fokus auf der erlebten Identität. „Die Marke muss in allen Produktionsbereichen konsistent und überzeugend erlebbar sein", sagt Herr Papenfuß, „dann wird nach einer Sekunde in der Halle spürbar, dass wir bei Kaldewei sind."

„Wertgefühl" ist für ihn wichtiger Teil des Markenkerns, die ultimative Kombination aus „Wertbeständigkeit" und „Wohlfühlen"; außerdem „Bestätigung" im Sinne der Wertschätzung von anderen und „Sicherheit" im Sinne der richtigen Entscheidung. Fachleute können das nur benchmarkig finden – und fragen sich, ob Kaldewei nun ein Volumen- oder ein Premiumhersteller ist. Beides geht nicht. Oder doch? Er produziert jeden Tag Tausende Wannen und Duschflächen, dazu die Waschtische, und exportiert sie in die ganze Welt. Das ist ein Indiz für Volumen. Der Markenroboter von Kuka hebt den Markenstahl in die Markenpresse von Schuler, und wenn der saurierhafte „Urschrei" verklungen ist, der entsteht, wenn sie den Stahl mit 1.000 Tonnen Druck tiefzieht, schneidet ihn der Marken-Lasercutter von Trumpf in Form. Auf jeder Anlage groß das Logo. Herrn Papenfuß blutet das Herz, wenn der Auftrag für ein exklusives Hotel da ist, und sie dürfen die eigene dezente Wortmarke nicht auf den Produkten abbilden. Lieber das Logo des Hauses, dann machen sie das möglich. Dann ist gut, dass in der Zeit seit der Gründung 1918 und seit der Erfindung der „nahtlosen Badewanne aus einer Stahlplatine" 1957/58 eines schon erreicht ist: Der Mensch denkt sowieso an Kaldewei, wenn er ans Bad denkt.

Bei den günstigen Wannen ist man mit 360 Euro dabei, bei 8.000 Euro ist das standardmäßige High End erreicht. Sonderformen und -ausstattungen gehen bis 25.000 Euro und mehr. Kaldewei ist tatsächlich beides, Premium und Volumen. Die meisten Premiumprodukte werden, neben dem starken Volumengeschäft, in Deutschland, Österreich und der Schweiz verkauft. Wie das geht? Zum Beispiel, indem man genau zuhört – den

Bauherren, aber auch den Installateuren, Architekten und Objektentscheidern als so wichtigen Meinungsmittlern und Empfehlern. „Wir sitzen mit denen zusammen und fragen: ‚Was braucht ihr denn wirklich?' Das ist neu in der Branche, so denken wir konsequent vom Kunden her und können die Produktentwicklung und die Serviceangebote nach den gewonnenen Erkenntnissen ausrichten." Es geht auch, indem man die Marke konsequent führt und sie bei aller Expansion – mit neuen Produkten genauso wie in neuen Preiskategorien – als Leitplanke für das nimmt, was man tut, und, genauso wichtig, für all das, was man bleiben lässt. „Als Premiumhersteller Volumen anbieten ist einfach, umgekehrt ist es die Herausforderung", sagt Herr Papenfuß. Die lässt sich, neben Qualität und made in Germany, mit dem dritten Faktor leichter, konsequenter und geplanter annehmen: der starken Marke. „Sie ist der Erfolgsfaktor schlechthin. Deshalb ist die konsequente systematische Markenführung seit vielen Jahren integraler Bestandteil unserer Unternehmensstrategie."

Am Stammsitz sieht man ganz oben am Giebel noch den Anker, das ursprüngliche Markenzeichen. Er steht für Halt, Stabilität, Festigkeit – Attribute einer begehrenswerten Identität. Was verleiht sie diesem Unternehmen? Die Deutung von Herrn Papenfuß: „Die Faszination kommt aus einer Marke, die weit über das rein Technische wie Verfahrensprozesse, Rezepturen, Materialien hinausgeht." Faszinierend ist das unbändige Vertrauen in die Produkte. „No one ever got fired for buying IBM", sagt man. Eingedeutscht, interpretiert und aufgeladen mit der eigenen Wahrheit, klingt es nicht minder eindrucksvoll: Kaldewei ist immer die richtige Wahl. Wobei „richtig" allein dafür gar nicht reicht, die Ansprache der Sinne muss eng verzahnt damit einhergehen. Dafür arbeiten hier nicht nur promovierte Experten an neuen Werkstoffen und Ingenieure an nur 61 Millimeter Bauhöhe für bodenebenes Duschen, sondern auch die Spezialisten, die für das Wahre, Schöne, Gute bei Kaldewei stehen. Sie sprechen die Formensprache der Zukunft und sorgen dafür, dass richtig auch richtig schön ist: sanft, klassisch, ästhetisch. Stolz ist man auf den Erfolg der Kooperationen mit bekannten Designern. Da gibt es die „weiche organische Innenform" beim Waschtisch Silenio von Anke Salomon und den „in sich gewundenen Wannenrand, der das Auge scheinbar endlos wandern lässt" bei der Wanne Meisterstück Emerso von Arik Levy. Sie bekommen begehrte Siegel und Preise, und die, sagt Herr Papenfuß, sind die rationale Begründung fürs gute Gefühl: „Schau mal, die haben auch Designpreise gewonnen! Das spielt eine große Rolle bei der Kaufentscheidung."

Ebenfalls eine große Rolle spielt, dass sie bei Kaldewei mit Liebe an das herangehen, was sie machen. Man spürt es am Empfang im Kompetenz Center. Draußen die bunte Fassade aus, logisch, Emailplatten; drinnen am Empfang die wichtigste Markenbotschafterin mit keiner zweiten Chance für den ersten bleibenden Eindruck. Sie gibt einem das gute Gefühl, das man dort haben möchte, wo es am privatesten ist – im Bad. Hier besucht man Seminare, trinkt Kaffee, erfährt Geschichtliches, badet Probe und schaut dabei zu, wie sie aus profanem Glaspulver das Email machen, das sogar preissensible Wohnungsbauer so begeistert. Sie ist stolz darauf, hier zu arbeiten. „Es ist diese ‚Ich-gehöre-dazu'-Haltung", sagt Herr Papenfuß, „die Leidenschaft und die Identifikation: Viele Mitarbeiter tragen das Polohemd mit unserem Logo in der Freizeit." They do it the Kaldewei way, und der drückt sich auch darin aus, dass man dieses sündige Gebäck, handgemacht und ohne Ei, vom Pinneberger Keksbackstübchen reicht. Und in der Art, wie der Kompetenz-Center-Leiter Christian Spieker die Qualität des Email ganz plastisch deutlich macht: mit der Bowlingkugel. Bei ihm kracht sie von weit oben auf die Duschfläche – und nichts platzt ab. Im Seminarraum gibt es diese hochdurablen Flächen als Flipchart, magnetisch und ohne Papier und mit dem originalen Ablaufdeckel, beschreibbar mit dem Edding Whiteboardmarker.

Die Marke ist immer das, was man sich hinter dem Rücken des Unternehmens erzählt. Hier handelt es sich um einen echten Mittelständler, kompromisslos qualitätsorientiert, liebevoll, wagemutig, in der Wolle gefärbt, echt und pur. So oder so ähnlich werden sie nicht ganz ehrfurchtsfrei bei Kohler in Wisconsin reden, wenn sie darüber sinnieren, weshalb sie – als weit größer aufgestellter Player – im Kaldewei-Land nicht so richtig Fuß fassen. Hocherfreut sagt Herr Papenfuß: „Dass das so bleibt, schaffen wir nur mit unserer Markenidentität und mit dem, was wir immer wieder neu draus machen." Dazu gehört für ihn besonders auch das geschlossene Bild an allen Kontaktpunkten, beim Architekten, im Abholbereich beim Großhändler, auf der Website. Nur dann ist möglich, was Kaldewei so vorbildlich gelingt: gleichzeitig Volumen- und Premiumhersteller sein – „mit den typischen Markencodes und der Ästhetik einer Luxusmarke. Absolut einzigartig in der Branche."

DIE BENCHMARKE ...

HAT ZUKUNFT

- Kontinuierliche Markenarbeit bedeutet vor allem, mit der Zeit zu gehen. Das bedarf Augenhöhe, integrativer Strategien und relevanter Inhalte.
- Kaufbereitschaft schafft man zusehends nicht mit dem Produkt selbst, sondern mit involvierenden und begeisternden Themen und Inhalten.
- Starke Marken können gesellschaftliche Entwicklungen verstärken und bereichern. Das schafft besondere Relevanz bei den Zielgruppen.

Wir leben in einer VUCA-Welt: volatile (unstet), uncertain (unsicher), complex (komplex) und ambiguous (mehrdeutig). Die einzige Konstante ist, dass sich alles ständig verändert. Auf Youtube werden jede Minute Hunderte Stunden Videomaterial hochgeladen, auf Facebook täglich Hunderte Millionen Fotos, und jeden Tag rauschen Hunderte Milliarden Mails durch den digitalen Orkus. Jeder Urheber verliert die Kontrolle über sein Werk in dem Moment, in dem er auf „Senden" klickt. Es wird geteilt, kommentiert, verfremdet, und irgendwann taucht alles irgendwo wieder auf. Die Anzahl der Medien und Kanäle steigt ständig. Jeder entscheidet ganz individuell, wo er wann welche Informationen konsumiert. Den einen Kanal für Marketingkommunikation gibt es nicht.

In welchem Keller steht denn bei euch an der Uni die Phrasendreschmaschine für die englischen Kraftausdrücke?

Mit der Digitalisierung haben sich vor allem auch die Anforderungen an die Markenführung dramatisch verändert. 2014 wurden allein in Deutschland mehr als 66.000 Marken angemeldet. Das sind etwa 265 jeden Arbeitstag, die mit den fast 800.000 Bestandsmarken um die Aufmerksamkeit der informationsüberlasteten Kundschaft buhlen. Um in dieser lauten, bunten Welt einen nachhaltigen Eindruck zu hinterlassen, braucht es mehr als Logo, Visitenkarte, Briefpapier und Broschüren. Und es gilt, die Chance zu nutzen, mit zeitgemäßen Ideen und vor allem mit der schnellen Umsetzung riesige Zielgruppen zu erreichen. Justin Bieber stellt 2007 erste Videos von lokalen Gesangauftritten auf Youtube und ist 2008 ein Weltstar. K-fee stellt 2004 einen viralen Werbespot für kalten Kaffee in Dosen online, der es bis in die Tonight Show von Jay Leno schafft. Der Plot: Ein Auto cruist zwanzig Sekunden zu relaxter Musik durch eine Hügellandschaft. Da poppt ein Zombie auf und schreit wie am Spieß, und dann kommt der wummernde Herzschlag mit der pulsierenden Dose: „So wach warst du noch nie. K-fee – Kaffee in hohen Dosen." Leno ist begeistert, sein Millionenpublikum so erschrocken wie er selbst. Fertig ist das virale

Das ist so gruselig, dass ich autarker Eremit auf dem selbstversorgten Vierkanthof im Brandenburgischen werde.

Dabei gibt's das Zeug gar nicht mehr. Der Beweis dafür, dass Verbraucher sich nicht alles reinfüllen, nur weil Jung von Matt die Spots macht.

Lauffeuer. Ein überraschender Inhalt, der für Aufsehen sorgt und sich über verschiedene Medien und Abspielgeräte international anzeigen und kommentieren lässt. Im Marketing spricht man von medienneutralem Inhalt. Er wird wie eine Flipperkugel abgefeuert und dann unendlich oft über Bande gespielt; so erzeugt er maximale Reichweite.

Content is King – es geht um Inhalt, Inhalt, Inhalt. Wer den hat, gewinnt. Dementsprechend müssen Werbebotschaften derart aufgeladen und inszeniert werden, dass sie in den Augen der Empfänger rüberkommen wie redaktionelle Inhalte. Ob der „epische Spagat" von Jean Claude van Damme für Volvo Trucks, „Supergeil" für Edeka oder „Umparken im Kopf" für Opel – für den Kunden relevante Themen werden medienneutral aufbereitet und dort gepostet, wo sie die Zielgruppe wirklich erreichen. Die Opel-Kampagne, die selbstironisch mit den Vorurteilen gegenüber der Marke spielt, startet in ganz Deutschland mit Plakaten, ohne den Absender zu nennen. „Was soll das?", fragt sich der Bürger, während er die Aussage „Aus Sicht der Physiker kann die Hummel unmöglich fliegen. Der Hummel ist das egal" liest. Er fotografiert das Sujet und teilt es mit 4.500 Facebook-Freunden. Die warten immer auf frischen Content. Jetzt geht es auf umparkenimkopf.de, da gibt es mehr Infos. Der User ist involviert, nimmt sich Zeit und aktiviert den digitalen Freundeskreis. Eine neue Kugel ist im Spiel.

Es geht noch weiter: Bald gibt es keine Trennung von Redaktion und Werbung mehr. Dann kommt der Spiegel von der Deutschen Bank und die Brigitte von Nivea (oder umgekehrt).

Ist denn da noch Traffic? Mir scheint, das ist digitaler Schnee von vorgestern.

Gemeinsam mit Michael Birkin, dem langjährigen CEO der Interbrand Group, haben wir an der Universität St. Gallen vier Strategien entwickelt, um Marken in der digitalen Welt nachhaltig zu positionieren. Die Ausgangsthese: Die Marke etabliert sich nur, wenn sie in eine einzigartige Geschichte eingebettet ist, in ein unverwechselbares Umfeld. Es gilt, sie auf ganz wenige Informationen zu reduzieren und gleichzeitig die Anzahl der Kundenkontaktpunkte zu maximieren. Klingt komplex, lässt sich aber in jeder Branche umsetzen. Dabei zählt in erster Linie nicht das Budget, sondern vielmehr das Wissen um die zentralen Kundenbedürfnisse, außerdem die absolute Liebe zum Detail, wenn es um die Definition des Markenversprechens und das Ausschmücken der Markenpositionierung geht.

Die Platform Brand: Sie greift ein Metathema auf, zum Beispiel Luxus für jedermann, und bietet Produkte und Services rund um dieses Thema an. Dabei wird das Thema so breit definiert, dass es eine große Spanne an geschäftlichen Aktivitäten zulässt. Der Gedanke dabei: Konsumenten sind eher bereit, neue Produkte von den Anbietern auszuprobieren und anzunehmen, die in Bezug auf ein konkretes Thema eine führende Position einnehmen. Google wandelt sich von der Suchmaschine zu einer Plattform, die die Welt des Kunden organisiert. Das Metathema heißt „Organize the World´s Information". Damit mausert man sich zum integralen Bestandteil des Lebens. Google selbst organisiert das Wissen, Picasa hilft beim Sortieren der Fotos, Google Maps übernimmt die Reiseplanung, und Google+ ist die fokussierte Alternative zu Facebook für die Organisation des Freundeskreises.

Google will weiter wachsen, und dafür denkt man in Mountain View nicht länger über Algorithmen, sondern über Defizite im Leben des Kunden nach, die sich durch weitere Organisation und entsprechende neue Angebote beheben lassen. Das macht den Markt größer und den Kunden glücklicher. Der weiß: Immer wenn Chaos droht, hilft mir Google.

H&M legt ausgesprochen viel Wert darauf, sich nicht als Modegeschäft zu definieren, sondern als Plattform für Mode. Das ist ein großer Unterschied. 24 Kollektionen im Jahr, auch von Prominenten wie Karl Lagerfeld und David Beckham, treiben die Fans im Schnitt alle zwei Wochen in den Laden. Kann ja gut sein, dass es wieder was Neues gibt, das es zu testen, bloggen und teilen gilt. Bei C&A kauft man die Mode, bei H&M macht man sie; genauso wie Red Bull kein Getränk ist, sondern eine Plattform für unerschöpfliche Energie und das, was man daraus macht. Keiner verfolgt diesen Ansatz so konsequent wie Red Bull. Spätestens seit Felix Baumgartner ist klar, dass es um viel mehr geht als um Energy-Drinks. Red Bull elektrisiert die Welt mit Air Races, Fußball, Formel 1 und Wingsuit-Fliegen, inzwischen auch mit dem eigenen Verlag, dem eigenen TV-Sender und dem eigenen Musiklabel. Wo Energie im Spiel ist, ist Red Bull dabei. Dieser Anspruch geht noch weiter: Wenn Energie erst entsteht, will man der Auslöser sein. Die Alubüchse als Schlüssel zur Energieplattform. Es funktioniert und es ist nicht nur was für die Großen: Der Schweizer Online-Händler blacksocks.com ist inzwischen eine etablierte Plattform für smartes Onlineshoppen. Es fängt an mit dem Abo für das, worum viele sich nicht gern kümmern: Socken. Diese geistige Entlastung gibt es dann auch für immer mehr von dem, was einzukaufen schnell langweilig wird: Unterwäsche und Hemden und solche Standardsachen. Blacksocks.com ist eine Erfolgsgeschichte mit Millionenumsätzen.

Erschreckend, wie der Alltag von wenigen Marken vereinnahmt wird. Hier haben wir in unseren Positionen die Aufgabe, kritisch aufzuklären und gegenzusteuern.

Und die sogar mit RFID-Chip. Noch mehr Schutz gegen Sockenschwund in der Waschmaschine gibt es nur, wenn man sie sich eintätowiert.

Das New Status Branding: Es bricht mit Konventionen, indem es Status neu definiert. Wer sagt, dass die Generation von morgen noch auf dicke Autos und Winkelbungalows steht? Es gibt bereits Topmanager, die machen mit ihrer fünfköpfigen Familie Urlaub auf Sri Lanka, aber nicht im Fünf-Sterne-Resort, sondern in Wohnungen von Airbnb oder auch mal per Couchsurfing, wenn die Couch groß genug ist. Mit Einheimischen kochen, erzählen, leben statt vor Tau und Tag die Handtücher am Pool auf die Liegen drapieren. Unser Status- und Genussempfinden ändert sich immer dann, wenn es Firmen gibt, die alternative Angebote zu gängigen Standards platzieren. Drive Now ist für die, die nicht auf die Flexibilität des Autos verzichten wollen, aber sehr gern auf Zulassung, TÜV, Reparatur und Stellplatzmiete. Mymuesli ist für die, die morgens was brauchen, was garantiert kein anderer hat. Hier geht es um brutalstmögliche Individualisierung. Ob die geschälten Hanfnüsse in der bestellten Anzahl wirklich drin sind in der Röhre, zählt keiner nach. Was zählt, ist das gute Gefühl, der ganz besondere Status. Den hat allmählich auch, wer mehr teilt und weniger besitzt. Teilen ist mehr als nur ein Trend, Nachbarn helfen sich und leihen sich gegenseitig Rasenmäher, Gästebetten und Werkzeug aus.

Besonders sinnvoll, wenn man bedenkt, dass die durchschnittliche Nutzungsdauer im Leben einer Bohrmaschine bei dreizehn Minuten liegt.

Die konsequent gelebte Marke hat die Kraft, Trends zu setzen und mit Konventionen zu brechen. Schon 2010 läutet der CEO von IBM, Samuel J. Palmisano, die „Decade of Smart" ein und lädt die Welt zum Umdenken ein. Busch-Jaeger, Hersteller von Elektroinstallationstechnik, macht vor, wie das geht. Er hat eine exklusive Kooperation mit dem Frauenmagazin Brigitte. Klingt erst mal komisch, aber wenn man kritisch hinterfragt, wer im heimischen Buying-Center (also der Familie) beim Hausbau und der Auswahl der Materialien die Hosen anhat, kommt man schnell dahinter: „Mehr als 80 % der Konsumentscheidungen werden von Frauen getroffen", sagt der Marketingleiter Michael Wasiletschko, „und jetzt sorgen wir dafür, dass auch die Elektroinstallationstechnik nicht mehr hauptsächlich Männersache ist." Das macht gerade jetzt so viel Sinn, weil mit der intelligenten Gebäudesteuerung so entlastende wie sinnliche wie designstarke Techniken das Wohnumfeld erobern – für automatische Lichtszenarien je nach Tageszeit und Stimmung, zeitabhängige Temperaturregelung und zentral gesteuerte Musik in allen Räumen. Während die Herren noch glauben, die Vorgänge auf der Baustelle zu lenken, treffen die Damen mit dem Elektriker schon die Entscheidungen.

Wobei die Elektriker dafür endlich raus müssen aus ihrem Lüsterklemmenverhau und die Blaumänner mal durchwaschen. Und statt der ewigen Schräubchenkunde ist Soft-Skills-Schulung angezeigt.

Deshalb bricht Busch-Jaeger mit der gängigen Prospekt- und Messekommunikation und macht gemeinsam mit der Brigitte Modenschauen auf der Fachmesse Light+Building und sogar auf der Publikumsmesse IFA. Wer sagt, dass die B-to-B-Company eine B-to-B-Company bleiben muss? Auch die Fachjournalisten finden die außergewöhnliche Performance allererste Sahne. Ergebnisse unterm Strich: Markenbekanntheit und -attraktivität steigen in der Zielgruppe Frauen signifikant, ebenso ihre Einflussnahme auf eine Kaufentscheidung zugunsten von Busch-Jaeger. Die Markenstrategie wirkt. Das ist entscheidend, denn Marke ist nur relevant, wenn ihr Erfolgsbeitrag nachweisbar ist.

Schönes Beispiel für steten Wandel. Viele verwechseln eben Kontinuität in der Markenführung mit Stillstand.

Die Branded Unity: Sie schafft Gemeinschaften in der neuen Marketingwelt, in der das Tun immer noch wichtiger und das bloße Reden immer noch unwichtiger wird. Wenn Kunden Werbebotschaften ignorieren und ihre Inhalte skeptisch hinterfragen, müssen die Unternehmen umso mehr Leistungsbereitschaft und -fähigkeit demonstrieren. „Walk the Talk", sagt der Amerikaner. „Zeig mir, was du draufhast", der Deutsche. Dyson versteht die Botschaft: Wer interessiert sich verschärft für die Saugkraft eines Staubsaugers und betrachtet mit Hingabe die Werbeanzeigen? Niemand, der nicht gerade ganz dringend einen Staubsauger braucht. Und selbst wer einen braucht, widmet sich dem nur mit gebremstem Schaum. Gerade dann ist kein Magazin mit der passenden Reklame zur Hand, und er nimmt schlicht die Marke, die bei Saturn die meisten Regalmeter belegt. Das ändert sich, seitdem Dyson mit dem Händetrockner Airblade in unzähligen Restaurants und Hotels einen Kontaktpunkt mehr hat. Auch wenn es da nicht saugt, sondern bläst: Die Leute erleben hier hautnah, wie kraftvoll und effizient die Marke arbeitet. Die Community wächst, und wer jetzt einen Staubsauger braucht, greift im Schnitt viel eher zu Dyson, weil der Transfer aufs genauso kräftige Saugen naheliegt und schlüssig funktioniert.

Ähnlich begeisternd sorgt der Roboter-Hersteller Kuka für den breiteren Trichter, der mehr Menschen im Sinne der Marke vereint. Die Technologie wird hin und wieder in ein Kirmeskarussell eingebaut, und das macht den Anspruch auf Hightech und Präzision auch für die Mitarbeiter erlebbar, die nicht in der Produktion arbeiten, und für Außenstehende sowieso. Es fasziniert den Einkäufer und macht den Papa stolz, der seinen Kindern erfahrbar macht, was er den lieben langen Tag als Ingenieur bei Kuka treibt.

Clever: Die begeisterten Kinder und ihre Freunde sind die Mitarbeiter, Einkäufer und Anwender von morgen.

Der Mechanismus hinter dieser Idee ist so simpel wie wirkungsvoll: Identifiziere ein neues Anwendungsfeld deiner Technologie, das für deine Kunden und Endkunden genauso relevant ist wie das, das sie von dir und deinen Produkten kennen, nur viel emotionaler, integrativer und überraschender. Gase von Linde sind so lange abstrakt und emotionslos, bis man selbst erlebt, wie der Sauerstoff es macht, dass man beim Tauchen atmet und unvergessliche Erlebnisse hat.

Für mich gibt Nina Ruge Linde ein Gesicht, und das immer noch, obwohl Wolfgang Reitzle weg ist.

Die Benchmarke im Feld der Branded Unity ist für uns Charmin, dieses bärige Klopapier, das es zwar hier nicht mehr gibt, dafür in den USA umso mehr. Ein Produkt mit noch mehr Low- oder sogar No-Interest-Faktor ist nicht vorstellbar. Es sei denn, man bespielt sehr glaubwürdig und lösungsorientiert eine Alltagssituation, die die Bedeutung des mehrlagigen Hygieneartikels dramatisch überhöht: Wer an der Westküste unterwegs ist und dringend zur Toilette muss, hat in diesem Moment das allergrößte Problem auf der ganzen Welt. Die Lösung ist der Charmin´s Sit or Squat Restroom Finder auf dem Smartphone. Das bedeutet etwa „Sitzen oder Hocken". Die App sagt präzise, wo genau der nächste hygienisch einwandfreie, mit Charmin ausgerüstete Restroom ist und wie man da schleunigst hinfindet. Die Rettung aus dieser Notsituation birgt Potenzial für die schönste Einheit zwischen Mensch und Produkt und für Markentreue das ganze Leben lang.

Das Movement Branding: Es adressiert das Grundbedürfnis, sich gegen Ungerechtigkeit, Unterdrückung und Bevormundung aufzulehnen. „Ist es nicht ungerecht, dass Microsoft den Softwaremarkt quasi monopolistisch dominiert?" Diese Frage hat die Initiatoren der Open-Source-Lösung Linux auf den Plan gerufen. Die Vormachtstellung von Microsoft stört viele nicht, doch bilden diejenigen, die sich nicht gern dominieren lassen, einen ausreichend großen und vor allem hochempfänglichen Markt für alternative Produkte. Das gilt auch für die Gegner von

Bei Apple gibt es gute Alternativen, bei Coca-Cola sowieso, nur warum gibt es keine ethisch glaubwürdige, verantwortungsvoll handelnde Tankstellenkette? Da ist Potenzial!

Apple, BP und Coca-Cola. Movement Branding greift übergeordnete gesellschaftliche Strömungen auf, intensiviert sie und macht sie für sich nutzbar. Wichtigstes Merkmal: Anstatt ihre Produkte ohne Umschweife zu bewerben, schließen sich Unternehmen der Bewegung an, die die Werte ihrer Zielgruppe repräsentiert, oder initiieren sie selbst. Durch dieses Anknüpfen an wichtige Werthaltungen des Kunden positiviert sich seine Einstellung gegenüber der Marke. Zudem bietet solch eine Bewegung ein hohes Potenzial für inhaltsgeladene und entsprechend relevante PR. Die Mechanik, die sie auslöst, ist denkbar einfach: Angst plus Ungerechtigkeit plus Hoffnung ergibt Movement.

Method, der US-amerikanische Hersteller umweltverträglicher Putzmittel, macht sich diese Formel zunutze: Viele Menschen wissen, dass die etablierten Produkte Chemikalien enthalten, die die Gesundheit angreifen können (Angst). Als ob das nicht schlimm genug ist, wird man den Eindruck nicht los, dass die Hersteller die gesundheitlichen Auswirkungen ihres Tuns nicht wirklich stören; Hauptsache, es klingelt in der Kasse (Ungerechtigkeit). Die Hoffnung: Es gibt natürliche Stoffe mit hoher Reinigungswirkung, die die Gesundheit nicht angreifen. Die verwendet Method. Kurzerhand ruft man die Bewegung „People against Dirty" ins Leben und wirbt um Menschen, die sich beim Putzen mit umwelt- und gesundheitsbewussten Mitteln auch dem Kampf gegen die großen, bösen Konzerne anschließen. Für viele ist dieser Kampf nicht wirklich wichtig, aber Method lebt von denen, die ihn proaktiv mitkämpfen, sehr gut. Ähnlich macht es Harley-Davidson, nur ist die Bewegung da eine andere – die für Freiheit und Abenteuer: Kein Mensch fährt eine Harley, weil er der Meinung ist, dass sie einer BMW technisch überlegen ist. Wie keine andere Marke steht Harley stattdessen für den wahr gemachten amerikanischen Traum schlechthin. Wer sich dieser Bewegung anschließen will, kauft Harley. Wer Wert auf ein zuverlässiges Motorrad auf technisch höchstem Stand legt, fährt BMW.

So geht es ja schon lange mit Frosch. Die sind echte Vorreiter, wobei man oft nicht genau weiß, was man da kauft – sicher aber das gute Gefühl.

Das eine ist nicht schlechter als das andere, es ist nur – und das ist so wichtig – ganz anders. Starke Marken brauchen starke Geschichten, die man entweder gern teilt oder genauso gern kategorisch ablehnt. Movement Branding dramatisiert diese Geschichten und bringt sie auf den Punkt.

Bald gibt es noch entsprechende Gute-Nacht-Geschichten für Kinder raus: „Die kleine Steiff-Schildkröte naschte ihr Ferrero-Betthupferl, zupfte das Schlaraffia-Kissen zurecht, knipste die Osram-Energiesparlampe aus und träumte von einem Legoland, so groß wie von hier zum Duplo, äh, Mars ..."

Diese Strategien sind im Ozean der Gleichförmigkeit sehr effektiv. Sie helfen dabei, eine Positionierung zu identifizieren, die differenziert, polarisiert und erinnert wird. Gemeinsam ist allen Ansätzen, dass sie Stoff für starke Geschichten liefern, die die relevanten Zielgruppen, Medien und weitere Stakeholder aktivieren, involvieren und motivieren. Die sozialen Medien sind Motor und Beschleuniger dieser Entwicklung. Neu ist das Bedürfnis, spannende Geschichten, tolle (Produkt-)Erlebnisse und Problemlösungen zu teilen, allerdings nicht. Bereits die Steinzeitmenschen haben sich mit ihren Höhlenmalereien darüber ausgetauscht, wo es die beste Beute gibt, wie man Tiere fachmännisch erlegt und ausweidet und wie man sich effektiv vor den Feinden schützt. Aus Felsbook wurde lediglich Facebook.

Unterm Strich: Wie schön war das in den Neunzigern, als es 2/1 4c und 30-Sekünder gab und sonst nichts ...

II.

WIE BENCH-MARKE GEHT

AM B-TO-B-BEISPIEL VON ARNOLD

Arnold ist auch nur ein Metallverarbeiter. Die inhabergeführte AG, ein nennenswerter Teil der Aktien ist im Besitz der Mitarbeiter, wurde gerade 90 Jahre alt und hat 360 Mitarbeiter an Standorten in Hessen und Thüringen. Sie sind die Arnoldianer, fertigen standardisierte Metallbauteile für die Industrie und handpolierte Relings für Jachten genauso wie ganze Aufbauten für Lokomotiven und Klapptische für Bahnwaggons. Wer fliegt, schiebt sein Handgebäck mit einiger Wahrscheinlichkeit in einen Scanner, bei dem das verbleite Gehäuse von Arnold kommt. In der neuen Europäischen Zentralbank in Frankfurt sind es die Tresen an der Essensausgabe in der Kantine. Dann das Mußevolle: Das größte Kunstwerk am neuen Berliner Flughafen ist der „Magic Carpet" der kalifornischen Künstlerin Pae White, handgeknüpft aus Aluminiumbändern. Er wurde on time fertig. Außerdem baut man viele Skulpturen von Jeff Koons, dem teuersten lebenden Künstler der Welt. Er kommt öfter für einen Tag aus New York und begutachtet im Thüringer Werk riesenhaft große Herzen, Pudel und Delfine aus Metall. Sie werden dort zusammengeschweißt, dann mit bis zu 20 Schichten lackiert und in Tausenden Stunden so poliert, dass man nicht den kleinsten Einschluss, nicht die kleinste Verzerrung sieht, kurz: „dass man sich drin spiegeln kann" (hier bekommt der Spruch aus dem Meister-Proper-Spot seine ultimative Bedeutung).

Bei Arnold spricht man nicht so gern über sich. Dafür ist der hessische Mittelstand viel zu erdverbunden und dem Motto „Schaffen, nicht reden" verpflichtet. Der Chef redet vor allem nicht über die Kunden aus der Kunstwelt. Weil die Branche so sensibel ist und weil Uwe Arnold die Firma nicht darauf reduziert wissen will. Er steht in der dritten Generation für ein Unternehmen in der Blech-, Metall- und Stahlbearbeitung, dessen Spektrum von Industriebauteilen bis zu ausgefallenen Sonderkonstruktionen reicht. Von 1.000 Stück geradeaus bis zum einmaligen Verbindungsdach und der Fußgängerbücke zwischen Parkhaus und Terminal am Flughafen Scheremetjewo in Moskau. Und für die Kunstwerke. Auf keinen Fall darf da passieren, „dass man bei uns immer nur das Schöne, Individuelle, Ästhetische sieht. Das würde der Firma nur teilweise gerecht." Außerdem sind alle Mitarbeiter gleich wichtig und sollen sich so fühlen, an der CNC-gesteuerten Laserschneidanlage von Trumpf genauso wie beim Handpolieren eines „Hulk" bis auf den Bruchteil eines Millimeters. Der sieht dann aus wie aufgeblasen und aus Gummi, ist aber aus Metall – von Arnold und von Koons.

Vor gut 25 Jahren hatte sich Arnold ein neues Logo gegeben. Das rote A, dazu den Slogan „... stark in Metall!". Damals war das mutig, fast schon revolutionär, eine Art echtes Branding für einen echten Mittelständler. Der Chef erinnert sich gut, was abging, als sein Vater die Firma auch beim Außenauftritt modern machte. Mit einer Werbeagentur aus Hamburg! Und was es für Widerstände gab: „‚... stark in Metall!, schwach in der Lieferzeit' war einer der milderen Kommentare." Jetzt, wo er längst selbst in der Verantwortung ist, hatte er irgendwann das Gefühl, es reicht nicht mehr: „Die Aussage spiegelte unseren Charakter nicht mehr wider – so hart, so ohne Emotionen." Nur Produkte, nur Engineering, nur Rationales, Spaltmaße und Mikrometer? Die Firma hat doch eine Seele, etwas zu erzählen fürs Herz und fürs Wohlbefinden. Das ist es, was Kunden heute wollen – und brauchen. Dass eine über 90 Jahre alte Firma ihr Handwerk versteht und technisch wie technologisch auf der Höhe der Zeit ist, braucht sie nicht noch zu sagen. Sie ist es halt, man setzt das als selbstverständlich voraus. Und, meint die beauftragte Beratung, „... stark in Metall!" springt inzwischen zu kurz. Arnold ist doch viel mehr – eher stark in dem, was man alles aus Metall macht. Da draußen soll man das spüren, überall, wo Arnold unterwegs ist, in Russland und den USA, in ganz Europa und in den Emiraten. Überall gibt es Kunden für eine Firma, die keine hessische für Hessen mehr ist, bei der aber weiterhin alles engineered und made in Germany ist. Hier ist erst mal alles aus Metall möglich, was aus Metall denkbar ist. Da ist eine Ansprache, die nicht push-mäßig „Macht es mit uns!" ruft, sondern pull-mäßig „Das könnt ihr alles mit uns machen" sagt, viel zeitgemäßer. Sie macht noch begehrenswerter und ist noch anziehungsstärker, und das macht weniger anfällig für Spielchen und Feilschereien.

Vielleicht könnte es die nächsten 90 Jahre so weitergehen. Vielleicht auch nicht. Was macht das Geschäft und die Existenz verlässlicher, planbarer? Wie macht man das, dass man nicht in die Beliebigkeitsfalle gerät? Was sorgt außer dem hohen fachlichen Können mit dafür, dass ein Unternehmen im B-to-B-Markt so ist wie eines im B-to-C-Markt? Dass man nicht nur nichts falsch macht, wenn man dieses Unternehmen beauftragt, sondern vor allem einem starken Verlangen nachgibt? Da ist einmal das Change-Projekt „Arnold 100", dessen Hauptergebnis der Wandel weg von der Linien-, hin zur Teamstruktur ist. Jetzt gibt es Kundenteams, je nach Art des Projekts, dazu Service- und Vertriebsteams. „Das war schon eine größere Störung der lange gewachsenen Abläufe, mit erwartbaren Widerständen", sagt Uwe Arnold. Er steht voll und ganz hinter der neuen Struktur, die seine beiden jungen Vorstandskollegen initiiert und umgesetzt haben, und heute ist man durchweg der Meinung, sich damit in einem heterogener gewordenen Umfeld zeitgemäßer und besser zu behaupten, gegenüber den Marktbegleitern genauso wie bei den vielfältiger gewordenen Ansprüchen immer unterschiedlicherer Kunden; außerdem bei den Architekten, Generalunternehmern und Beratern.

Jetzt braucht es die neue eindeutige Positionierung. Profiliert ist man schon immer irgendwie, sagt der Chef, aber nicht klar definiert: „Ich will uns zur Marke machen, um uns abzugrenzen." Er erklärt, dass solch ein Prozess eben nicht nur was für die Großen ist. Allerdings ist er immer noch ungewöhnlich für ein Unternehmen mit 50 Millionen Euro Umsatz. Die stringente Markenbildung und -erlebbarmachung kostet nicht nur Budget, sie kostet außerdem Zeit, Kraft, Nerven und Schweiß. Und manchmal

Tränen, wenn man sich im Sinne der zukunftsträchtigen Positionierung verabschiedet von Liebgewonnenem und dem „Das haben wir schon immer so gemacht!". Da muss man dann spüren, dass die Markenorientierung ein wichtiger Baustein der langfristigen Existenzsicherung des Unternehmens ist. Mehr als das: Wer so denkt und handelt, sieht darin eine starke Basis, und auf der stehen die Pfeiler – Technologie und Entwicklung, Marketing und Vertrieb, Handwerk und Mikrometerpolitur ...

Die andere Basis neben der Markenorientierung ist die Unternehmensstrategie. Beide stehen im ständigen Wechselspiel, das eine ist nichts ohne das andere. Deshalb überprüfen die Berater zusammen mit dem Vorstand die künftigen Stoßrichtungen und verfassen mit ihm die Unternehmensstrategischen Positionen. Hier ist festgehalten, mit welchen Produkten und Services man sich in Zukunft auf welche Art und Weise engagiert. Und auch, was man nicht macht: Lieferungen für die Wehrtechnik und von Baugruppen für Tierversuche. Die gerade Haltung ist ebenfalls ausschlaggebend für das Empfinden der Marke. Die wesentlichen Inhalte der Strategie fließen als zugespitzte Leitlinien in das Update von Arnold 100 ein und werden allen nahegebracht.

Wer bei der Entwicklung dabei ist, ist beim späteren Leben erst recht dabei. Man verbreitet und verteidigt dann die unmissverständliche Botschaft. Der Faktor Mensch zählt, schon beim Erarbeiten der Marken-Persönlichkeit. Trotzdem, alle können in diesem frühen Stadium nicht mitmachen. Marke ist nicht demokratisch, und wenn man 360 Leute einbindet, kriegt man 361 Meinungen. Das ist tödlich für die starke Marke, schon vor ihrer Geburt. Sie wird dann nicht kräftig, sondern wässrig und zerrinnt zwischen den Fingern. Stattdessen geht es so: so wenige Leute wie möglich einbinden und gleichzeitig so viele wie nötig. Sie repräsentieren die Unternehmensbereiche und die Hierarchiestufen, außerdem verbreiten sie in ihren Teams schon zu Beginn des

Projekts die Botschaft, dass sich da etwas tut, was logisch zu Arnold 100 beiträgt und damit einen wichtigen Beitrag dazu leistet, das Unternehmen zukunftsfest zu machen. Das Markenkernteam besteht aus zwölf Kollegen. Dabei sind die drei Vorstände sowie Führungskräfte und zentrale Mitarbeiter aus Konstruktion, Fertigung, Marktentwicklung, Qualitätsmanagement, Kommunikation und Personal. Sie machen aktiv mit. Markenarbeit soll eine Ehre und darf keine Bürde sein.

Das Projekt startet mit dem Selbstbild. Das Markenkernteam diskutiert, wo und wie man sich heute sieht und wo und wie man morgen sein möchte. Mit wenig Powerpoint und viel Interaktion, mit einer Vielzahl an Geschichten und Erlebnissen und didaktisch sauber aufgegleist, wird es dazu angeregt, die Komfortzone zu verlassen, tiefer in sich hineinzuhorchen und maximal Verwertbares beizutragen. Die Externen reichern die Diskussion mit der Analyse von Unternehmen, Portfolio, Markt, Zielgruppen und Wettbewerb an. Die Gruppe bringt diskutiert die erzählenswerten Stärken und macht Szenarien darüber auf, was man sich am Markt wohl über Arnold, die Leistungen und die Qualität erzählt. Sie erarbeitet Positionierungsansätze im Spannungsfeld zwischen dem, wo man sich am liebsten sähe, und dem, was die Situation da draußen erforderlich macht. Und sie entwickelt Input für die Positionierung.

Im zweiten Schritt erfassen die Berater das Fremdbild. Mit Tiefeninterviews holen sie international die Meinung von Kunden, ehemaligen Kunden und Wunschkunden, Konkurrenten und Fachjournalisten ein. Wie sehen sie Arnold heute, auch im Vergleich mit dem Wettbewerb? Wie klar und glaubwürdig ist das Nutzenversprechen? Wo gibt es Defizite und Entwicklungspotenziale? Wo soll die Firma morgen sein und was soll sie versprechen? Wie soll sie sich präsentieren und wahrgenommen werden? Der Abgleich mit dem Selbstbild deckt Lücken und Widersprüche auf, die – vor dem Hintergrund von Unternehmensstrategie, Marktentwicklung und Wettbewerbseinschätzung – weiteren Diskussionsstoff bieten.

Es folgen Präsentationen, Argumente, Diskussionen, regelrechte Plädoyers. Schnell wird klar, dass diese Frische, dieses Persönliche, dieses irgendwie unorthodoxe Herangehen an die Projekte, überhaupt an den Markt, auf den Punkt gebracht gehört. Es macht sich an der Art fest, wie man willkommen geheißen wird, die Räumlichkeiten gestaltet sind, man verköstigt wird (ganz ohne Gerolsteiner-Flaschenständer und Bahlsen-Keksröllchen) und Gespräche geführt werden – hart, herzlich, offen und ohne Visier. Und daran, dass bei denen im Grunde der Handschlag genügt. Wie macht man dies alles dingfest, kriegt es unter einen Positionierungshut? Die Kunst ist, dass ein einziges Wort, ganz im Zentrum des Geschehens, so ergreifend wie unmissverständlich klarmacht, wofür das Unternehmen steht – der Markenkern. Besonders wichtig: Er richtet sich vor allem nach außen, an die externen Anspruchsgruppen. Wenn er von denen interessiert wahrgenommen wird, wird er es von den internen Anspruchsgruppen erst recht.

In den Meetings des Markenkernteams wird früh deutlich, dass Bullshit-Bingo-Begriffe wie Tradition, Qualität, Kompetenz und Innovation dem, worum es hier geht, nicht gerecht werden. Stattdessen geht es um die ultimative Zuspitzung dessen, was Arnold auszeichnet. Und zwar so, dass ein klares begehrliches Bild im Kopf entsteht und gleichzeitig das Herz sich angesprochen fühlt. Das ist nicht so leicht – aber auch nicht zu schwer, wenn auf der einen Seite alle Macher sich darin einig sind, dass die Mühe sich nur lohnt, wenn tatsächlich etwas Kraftvolles entsteht. Auf der anderen Seite ist es dafür unerlässlich, dass alle sich im Sinne der besten Lösung aneinander reiben und konstruktiv miteinander streiten. Kuschelzone ist woanders. Dazu gehört auch, dass Ergebnisse nicht per Mehrheitsabstimmung zustande kommen. Vielmehr müssen alle nicht nur physisch, sondern auch psychisch anwesend sein und Entscheidungen aus vollem Herzen mittragen. Das gelingt nur, wenn mit vereinten Kräften analysiert und argumentiert wird. Und überzeugt, nicht überredet. (Dabei darf es auch mal laut werden, aber ohne Geschrei.) So werden die allerersten Teilnehmer am Prozess Markenorientierung zu frühen überzeugten Markenbotschaftern. Man merkt es an ihrer Antwort, wenn ein noch unbeteiligter Kollege fragt, was man denn da macht. Man habe da so was gehört … Dann soll rüberkommen, dass es um die Basis der Zukunft des Unternehmens geht, dass alle bald mehr erfahren und, wenn sie dann an Bord sind und mitmachen, weniger tun müssen, um gemeinsam mehr zu erreichen.

Die Beratung schlägt eine Positionierung vor, die so ungewöhnlich wie mutig ist – zeitgemäß, gut zu erfassen, emotional, eine Vorstellungswelt eröffnend, gut umsetzbar. All das im Kern in einem Wort vereint. Dieses eine Wort sagt, wie die Firma irgendwie schon ist und wie man in Zukunft mehr und überall sein wird, ganz geplant und stringent. Es ist warm, weich, gefühlsregend, klar. Und es formuliert den großen Anspruch, den man an sich selbst stellt. Der Markenkern beantwortet die Frage, was man bei Arnold vermittelt, gibt, erreicht. Bei allem, was man entwickelt, anbietet und tut, soll er zukünftig durchscheinen, damit bei allen Anspruchsgruppen mit der Zeit das eine Gefühl entsteht: Wenn ich mit denen arbeite, verspüre ich dieses gewisse Etwas, das meine Augen etwas größer werden lässt, und manchmal öffnet sich staunend der Mund. So sind die! So machen die das! Das ist ja … Uwe Arnold: „Unser Markenkern bringt idealtypisch auf den Punkt, wie Menschen reagieren, die uns erleben."

Der Markenkern wird von den drei Markenwerten übersetzt, interpretiert und ausgelegt. So wird er greifbarer, und jeder versteht besser, wie er wirken soll. Jeder Markenwert hat wiederum drei

Markenfacetten mit der Facettenbeschreibung, die weitere Kreise ziehen. Sie formulieren, wie Arnold zukünftig ist – vor allem sein darf, sein muss. Sie decken die emotionale wie die rationale Seite ab und schreiben fest, dass man hier im besten Sinne des Wortes verrückt ist, dort erst anfängt, wo andere aufgeben, dass es zunächst einmal keine Grenzen gibt und alles erlaubt ist, dass das gesprochene Wort 1:1 gilt… In wenigen, treffenden, unverwechselbaren Worten. Es sind kraftvolle Worte, die allen Wahrmachern das Bild dessen vermitteln, woran sie mitarbeiten und was sie jeden Tag überall beweisen sollen. „Bei unserem Verständnis von Metallverarbeitung geht es nicht um irgendwelche Geländer und langweilige Teile und darum, dass man das halt braucht", erläutert der Chef. Vielmehr geht es um Großartiges, Kühnes, Begeisterndes. Jeder soll das spüren. Ausgehend vom Markenkern, wird die Botschaft über die Werte und die Facetten, dann in immer größeren Wellen immer weiter angereichert und verbreitet. Dazu gehören die weiteren positionierenden Aussagen: Der Benefit (das Nutzenversprechen) formuliert den Leistungsanspruch in einem Satz. Er ist leicht ausgesprochen, und man muss schon einiges dafür tun, ihn immer wieder neu zu erfüllen. Er spornt dazu an, immer wieder das zu geben, was man nur bei Arnold auf diese unnachahmliche Art und Weise gibt. Der Benefit wird ergänzt durch den Reason-to-Believe, den guten Grund dafür, dass man das Versprechen für bare Münze nehmen kann. Zwei Sätze machen ihn klar.

Marke sagt man nicht – man macht sie erlebbar. Je knapper die Marken-Persönlichkeit ist, desto präziser ist sie formuliert und desto weniger aus Plattitüden zusammenpalavert. Schließlich soll sie die nächsten mindestens 25 Jahre Bestand haben. Da ist und bleibt konstruktiver Streit wichtig. Nur dann löst das Ergebnis maximale Vorstellungskraft zuerst bei all denen aus, die dafür sorgen müssen, dass die Marke an den Kontaktpunkten gelebt und spürbar wird. Zunächst sind das die Mitarbeiter und die Marketing-Dienstleister. Nur wenn die Marke schon ihnen stimmige

Bilder im Kopf malt, können sie ihren Teil zum Erlebbarmachen beitragen. Und damit das noch besser gelingt, werden die Worte durch genauso hart diskutierte Bilder ergänzt, die zusammen die Bildwelt ergeben. Wort und Bild machen gemeinsam die Marken-Persönlichkeit rund. Sie ist die Grundlage für alles, die Basis allen Handelns und Kommunizierens der Mitarbeiter und das Briefing für die Agenturen. Sie darf nicht am Schwarzen Brett und auf der Website stehen. Sagen, wie man angeblich ist, können nämlich viele. Doch es ist viel schwieriger, es tatsächlich zu sein und das zu vermitteln. Schließlich handelt es sich grade beim Markenkern um die gewünschte Reaktion da draußen. Die kann man nicht vorschreiben – man muss sie gekonnt herausfordern. Zu den wenigen Unternehmen, denen das wirklich gelingt, will Arnold gehören. So herum wird ein Schuh draus. Schließlich ist auch die Marke Arnold das, was man sich hinter dem Rücken aller Arnoldianer über sie erzählt.

Damit die Positionierung umsetzbar ist und alle Beteiligten sich vorstellen können, in welche Richtung es dabei gehen soll, entwickeln die Berater die Leitidee für die Kommunikation. Die „Metall-Erlebniswelt" ist die erzählerische Klammer für das Marketing. Das klingt so: „Es gibt die normale Welt des Kunden und es gibt die genauso reale Arnold-Metall-Erlebniswelt. Wenn du diese Welt betrittst, sind Dinge mit Metall möglich, die normalerweise einfach nicht gehen. Die Vielfalt dessen, was es da zu sehen gibt, ist enorm, manchmal schon verrückt, so wie die Menschen, die dir begegnen und dich durch diese Welt begleiten. Wow! Besonders schön: Unsere Leute sorgen dafür, dass die Träume und Fantasien, die dich hierhergeführt haben, auch in deiner eigenen Welt in Erfüllung gehen."

Jetzt kommt das Entscheidende: Aus Marke muss Marketing werden. Die Kommunikation muss neu aufgestellt, die Arnoldianer müssen Markenbotschafter werden. Dafür screenen die Berater den Markt nach Dienstleistern, die aus der gelebten Markenidentität das erlebbare Marketing machen. Und die als kleine, persönliche Agentur ohne Wasserkopf alle Disziplinen abdecken – Web und PR, Kundenmagazin und Beschilderung, Film und Messe … Je verantwortungsvoller ein Unternehmen zuerst seine markenpositionierenden Hausaufgaben macht, desto besser flutscht es hinterher beim Marketing: Es geht schneller, alle machen weniger Fehler, und es spart Manpower und Budget. So läuft es hier: Der im Pitch mit drei Teilnehmern ausgewählte Dienstleister steht für jegliche Kommunikation gerade; inhaltlich genauso wie terminlich. Dabei achten die Berater als Gralshüter der Marke darauf, dass jegliche Kommunikation „on the brand" ist. Und – wenn was weg kann, ist das besonders gut: Man ist sich einig, eine klassische Imagebroschüre braucht zum Beispiel kein Mensch.

Markenerlebbarmachung ist ganz viel schriftliche Planung. Deshalb legt der Kommunikationsplan für die nächsten Jahre für alle Disziplinen, Kanäle und Maßnahmen verbindlich fest, wer was bis wann mit wem mit welcher Wirkung anpackt, umsetzt, wahr macht. Jetzt kann niemand mehr sagen, er weiß ja nicht, kann ja nicht, darf ja nicht. Und jetzt sind nur noch die guten Ideen gute Ideen, die die Marke nachweislich und spürbar transportieren. Der neue starke Satz dafür ist ein einziges starkes Wort. Es ist das Leitwort, der neue Slogan. Er heißt „metalligent". Es steht dort, wo früher „… stark in Metall!" stand.

Dafür, dass alle Arnoldianer die Grundlage für ihr zukünftiges Handeln mittragen, braucht es ihr Commitment. Wer nicht bloß Kollege, sondern gut informierter Markenbotschafter ist, ist jeden Tag an allen Kontaktpunkten mit dem Herzen dabei. Dann, wenn die Marke in dem Sinne gelebt wird, dass – im Kleinen wie im Großen – der Markenkern so rüberkommt, wie er gemeint ist. Dafür werden zunächst die Führungskräfte informiert. Ihre Meinungen fließen in letzte Justierungen ein. Und für das

Involvement aller Mitarbeiter feiern sie das große Fest, eineinhalb Jahre nachdem mit dem ersten Selbstbild-Workshop alles begann. Bis dahin passiert vieles hinter den Kulissen: Das neue Corporate Design wird aufgesetzt und die Website neu gemacht, Filme werden gedreht und die Kundenzeitschrift „Metalligent" als opulentes halbjährliches Magazin aufgesetzt. Und die Mitarbeiter werden vor dem Fest neun Monate lang mit neugierig machenden Beilagen in der Gehaltsabrechnung sensibilisiert.

Das Fest findet in der geografischen Mitte zwischen den Standorten statt, zum Zeichen der engen Verbundenheit. Das Motto: „Der Schlüssel zu unserer Zukunft". Am Tag der Tage gestalten die Mitarbeiter, nachdem sie die Grundzüge der neuen Markenidentität kennengelernt haben, die zentralen Acts für den Galaabend selbst. Dafür haben sie die Marke als Maßgabe und versierte Coaches zur Seite. Sie komponieren und singen die Arnold-Hymne (Wie klingen unsere Markenwerte?), kreieren die Arnold-Düfte (Wie riechen sie?), gestalten die Festhalle, studieren Tänze ein, mixen Drinks und fertigen coole Graffitis, die das tägliche Tun mit den neuen Markenfacetten verbinden. Entsprechend gehaltvoll und lustig – Humor ist der Geschmacksträger bei der Vermittlung von Fakten – ist der Abend. Er gipfelt darin, dass das neue Logo mit dem Slogan enthüllt und die neue Website live geschaltet wird. Am Tag darauf legen alle ihr Bekenntnis dazu ab, die neue Identität mit allen Sinnen zu leben, gegenüber Kunden und potenziellen Kunden genauso wie im Privaten. Dazu befestigen sie das Schloss mit ihrem Namen an den kunstvollen Stahlkonstruktionen aus eigener Produktion, die die Graffitis tragen werden.

Das beste Ergebnis entsteht nur gemeinsam, auf dem Markenfest und später sowieso. 360 Menschen hören, sehen und fühlen vor allem, was das Unternehmen, dem sie ihr Berufsleben widmen, in Zukunft ausmacht. Das macht sie konstruktiv betroffen. Die Graffiti mit den Schlössern werden später in den zentralen Werkshallen angebracht; mit jedem neuen Mitarbeiter kommt ein Schloss dazu. Und die Gewinner der Rätsel und Aktionen im Rahmen der internen Marken-Erlebbarmachung gehen einige Monate später auf Erlebnistour durch Frankfurt – beim vertikalen Houserunning, bei Harley-Davidson und im Palmengarten erleben sie die Markenwerte für alle Sinne. Die Mitarbeiterzeitung berichtet.

Es gibt kein Zurück mehr, das Marke-Leben hört nie mehr auf. Am wichtigsten dabei ist der Mensch, alles andere sind Papier und Zahlen. Idealtypisch geht es mit den Markenbotschaftern so: begreifen – verstehen – begeistern – mitmachen – umsetzen – leben. Uwe Arnold: „Die Marke leistet, dass sich alle mehr mit der Firma identifizieren. Wir kennen damit unsere Stärken besser und brennen vor allem darauf, sie auszuleben." Und nach außen? Der Chef sagt, dass solch ein bewusst gesteuerter, starker Auftritt Kunden und Interessenten viel gezielter erreicht. „Außerdem sprechen wir damit neue Arnoldianer ganz klar an: Komm zu uns! Wir sind die hochprofessionellen Andersmacher und gemeinsam mit dir noch metalligenter!" Die Firma sorgt dafür, dass die Arbeiter genauso wie die Kollegen in Administration, Marktentwicklung und Personal mit der Zeit ebenfalls starke Marken, echte Human Brands sind. Jeder so eng an die Marke gebunden wie nötig, um ihre Unverwechselbarkeit zu vertreten, und dabei mit seiner ganz eigenen Persönlichkeit so unverfälscht und echt wie möglich – damit man keine rundgelutschten, stromlinienförmigen Roboter am Start hat, sondern echte Menschen mit echten Ecken und echten Kanten. Dann hat das Markenbotschafter-Dasein seinen Sinn. Uwe Arnold: „Wir kehren unser Innerstes nach außen. Das macht uns verletzlicher, aber auch pur und echt. Wir sind, wie wir sind, und wenn man den richtigen Knopf drückt, kennt unsere Begeisterung keine Grenzen." Die Marke macht deutlich, was dann bei Arnold passiert.

An Michi Käfers Stelle würde ich die Scheibe einschmeißen: Hier treiben sie mit dem guten Namen Schindluder bei der Preispunktorientierung.

Den Stein sollen die schmeißen, die im Käfer-Zelt auf der Wiesn das Gleiche zahlen, bloß ohne Komma.

Clash of Brands: Fliegt Alitalia jetzt mit Allrad, oder was?

Die sind doch auch Trikot-Sponsor von Juventus Turin, und die Koffer fliegen beim Verladen trotzdem immer daneben.

Das versetzt mich zurück in meine großen Werberstunden mit dem Pope of Advertising Michael Schirner. Wir haben da auch immer so gedacht, aber es nie so gemacht.

Was beim Pirelli-Kalender funktioniert, geht auch in der Holzindustrie. Die Menschen sind so. Und die Firma Engiadinalaina schafft es damit in unser Buch. Kompliment nach CH-Martina!

III.

WAS DIE BENCH-MARKE BRAUCHT

Benchmarke sein ist ein Versprechen. Es muss jeden Tag neu eingelöst werden, bei jedem Kontakt mit Kunden und all den anderen Leuten, von denen man möchte, dass sie den bestmöglichen Eindruck bekommen. Wir sagen, der Anspruch, Marke konsequent zu atmen und zu leben, ist der einzig wahre. Allerdings sind wir da nicht gerade objektiv. Man muss es nicht so sehen wie wir. Wer es tut, muss wissen, worauf er sich dann einlässt. Und einsehen, dass er sich dann nicht mit einem tollen Logo aus drei Schriften, vier Schriftgrößen und fünf pastelligen Farben, cool bemalten Firmenwagen und austauschbaren Kraftausdrücken und Stockfotos (Headline auf der ersten Doppelseite in der Imagebroschüre: „Kompetenz durch Innovation"; Headline auf der zweiten Doppelseite in der Imagebroschüre: „Innovation durch Kompetenz"; Headline auf der letzten Doppelseite in der Imagebroschüre, wo die große Weltkugel abgebildet ist: „Wir sind überall zu Hause") zufriedengeben darf. Markenführung ist viel mehr. Sie ist ein Prinzip, eine Überzeugung. Sie ist ganzheitlich.

Um einem solchen Anspruch gerecht zu werden und die Kraft der Marke wirklich nutzbar zu machen, müssen alle Organisations-, Führungs- und Kommunikationsstrukturen im Unternehmen verändert, geschaffen, zumindest überprüft werden. Viele Unternehmen fragen sich, wo sie die Markenführung aufhängen sollen. In der Geschäftsführung oder lieber im Marketing oder noch besser bei der eigens dafür geschaffenen neuen Position „Leiter Branding"? Sie fragen sich auch, wann der optimale Zeitpunkt dafür ist. Ganz ehrlich: Es passt nie. Auch ganz ehrlich: Es passt immer. Klar, es gibt, neben dem ganzen bunten Tagesgeschäft, immer Wichtigeres. Und die ganzen Change-Projekte, die man mit all den Beratern macht, um ganz vorn mit dabeizubleiben, stören die Abläufe schon genug. Wie viel Störung verträgt das Unternehmen? Wir kennen eins, das analysiert gerade seine Distributionskanäle; es passt sich gerade strategisch an die neuen Marktgegebenheiten und Veränderungen in seinem Umfeld an;

es verändert gerade die Vertriebsstrukturen, hin zu einer Regionalstruktur mit Branchenzellen; und es gibt da gerade Veränderungen in Supply Chain Management und Innovation, außerdem die weitere Internationalisierung und Produktdiversifikation. Und was noch außer der Reihe so anliegt. Okay, da kann es ein bisschen viel sein, jetzt on top auf Markenorientierung zu machen. Andererseits ...

Klar, gerade jetzt! Für all diese Veränderungen und für all das, was gut ist und gut bleibt, braucht es die von allen verstandene und beherzigte Ausgangsbasis – die Markenidentität. Damit können die ganzen Projekte mit einem klaren Ziel vor den Augen aller Beteiligten ablaufen und ihren Beitrag dazu leisten, dass es erreicht wird. Wenn zu all dem Wandel das Thema Marke dazukommt, kann man es als Störung betrachten. Sollte man aber nicht. Vielmehr ist sie die Marschrichtung, die Leitplanke, der Sicherheitsgurt für alles, was jetzt und in Zukunft strategisch getan wird, und für alles, was man dann einfach weglassen kann. Besonders reif für Markenorientierung ist die Zeit dann, wenn es so richtig brummt in der Company. Das bleibt nämlich nicht ewig so; und wenn es dann mal schlechter läuft, mildert die starke Identität die Folgen und verkürzt den Zeitraum bis zur nächsten Brummphase.

Marke ist Chefsache. Wer eine Marke nachhaltig erfolgreich machen will, muss in ihrem Sinne führen. Dass Marissa Mayer es als Mitarbeiterin der ersten Stunde bei Google zur Jung-Multimillionärin brachte, befähigt sie nicht zu einer CEO bei Yahoo vom Format eines Eric Schmidt, ihres langjährigen Chefs bei Google. Eine Profilierungsstrategie, verbunden mit einer greifbaren Vision, ist bei Yahoo auch nach einigen Jahren Frau Mayer an der Spitze nicht erkennbar. Und die Milliarden aus dem Verkauf der Anteile an Alibaba, der chinesischen Antwort auf Google, sind bald weg.

Zu erkennen, ob der eigene Führungsstil vor dem Hintergrund markenadäquaten Verhaltens richtig oder falsch ist, ist nicht einfach. Spüren geht da schon besser. Man kann es, das liegt in der Natur der Sache, nur begrenzt messen und bewerten. Oft soll Markenerfolg mit der Zahl der Bewerbungen auf offene Stellen, der niedrigen Fluktuation oder dem unterdurchschnittlichen Krankenstand belegt werden. Auch gibt es Befragungen von Mitarbeitern, was ihre Zufriedenheit und ihre Wünsche und Ziele angeht. Das ist alles gut und richtig. Es sind zumindest messbare Zeichen für die Attraktivität als Arbeitgeber, viel besser als jedes Siegel von irgendeiner Organisation, die zuerst kommt und ganz viel lobt, einen dann ganz vorn unter den Top 100 oder so platziert und schließlich abkassiert, wenn es darum geht, das hübsch gegrafikte Lobesbildchen auf der Website führen zu dürfen. Das bringt nichts. Unterm Strich gilt die so einfache wie wirksame Regel: Wer von seinen Mitarbeitern erwartet, dass sie seine Marke leben, muss das zuerst selbst tun: 1. vorleben, 2. fordern, 3. fördern. Bei Hilti müssen alle, auch die Top-Führungskräfte, einmal im Jahr mehrere Tage aktiv auf der Baustelle ran. Man kann nur managen, was man kennt, ist die feste Überzeugung in Liechtenstein. Beim Einstieg ins Unternehmen durchläuft jeder neue Mitarbeiter die sogenannte Cultural Journey, um die Identität zu erleben. Dann wird im regelmäßigen 360-Grad-Feedback-Gespräch überprüft, ob er sie tatsächlich lebt – mit spürbaren Konsequenzen, wenn es Defizite beim adäquaten Verhalten gibt.

Gute Führung inspiriert, stimuliert und fasziniert. Das kriegt man immer wieder in der Forschung raus, und bei gut geführten Unternehmen erlebt man es: Bei der Bahn sieht man nur selten einen Mitarbeiter, der nach Schichtende in seiner Uniform im Zug nach Hause sitzt. Lieber zieht er sich vorher um. In Zivil spart er sich die Beschimpfungen wegen der Streiks, der ausgefallenen Kühlung im Bordbistro und der Böschungsbrände. Der Lufthanseat dagegen liebt es, sich in der Bahn im vollen Ornat und mit stolzgeschwellter Brust auf den Heimweg zu machen. Da wird zwar auch gestreikt, und es ist derzeit nicht so rosig, aber irgendwas scheinen die Chefs bei der Lufthansa besser zu machen als die bei der Bahn. In der Industrie gibt es viele gute Beispiele dafür, wie es top-down besser geht: Als bei Mennekes, dem Weltmarktführer bei genormten elektrischen Steckvorrichtungen, der beste Monat seit Bestehen gefeiert wird, schreiben Vater und Sohn Mennekes jedem Mitarbeiter einen Brief: „Jeder von uns, jeder an seinem Platz hat mitgeholfen, dieses herausragende Ergebnis zu erzielen ... Uns geben Sie erneut das gute Gefühl zu wissen, wie sehr wir uns auf Sie als unsere Mitstreiter verlassen können. Mehr noch, wie sehr wir uns aufeinander verlassen können." Jeder bekommt eine Kühltasche mit gesundem Quark und Joghurt von Weihenstephan. Wer sich dermaßen wertgeschätzt fühlt, lebt die Botschaft von Mennekes, wo er geht und steht.

Unternehmens- und Markenstrategie wirken am besten zusammen. Identität entsteht nicht einfach so. Sie bringt vielmehr die vielen Informationen, die es rund um das Unternehmen gibt, auf den Punkt: den Zweck und die Berechtigung, am Markt zu sein, Herkunft und Zukunft, Mission und Vision, Werte und Haltung ... Die kraftvolle Markenstrategie bezieht sich immer auf die kraftvolle Unternehmensstrategie. Die zeigt die klare Richtung, nicht nur für das unternehmerische Handeln, sondern auch für Markenführung und Marketing. Sie erlaubt weniges und untersagt vieles. Unternehmensstrategie ist rational, kennzahlenorientiert und für den Kopf. Wer bei den zahlengetriebenen Kollegen mit Marke punkten will, muss das wissen und entsprechend handeln. Markenstrategie ist emotional, werteorientiert und fürs Herz. Dafür sind viele Unternehmenslenker noch nicht besonders empfänglich. Langsam wird es besser, und man müht sich mit ihnen weniger ab, wenn man verdeutlicht, was mit der Markenorientierung auch in ihrem Sinne vorangetrieben wird und wie stark die Erfolge zum Erreichen der Unternehmensziele beitragen. Mit Marke ist es wie mit allem, worum man sich bemühen und wo man am Ball bleiben muss: 10 % Inspiration, 90 % Transpiration.

Für die Unternehmensführung ist die Marke nur dann relevant, wenn sie liefert. Wer im GF-Termin mit dem Pantonefächer wedelt und über Logo-Schriften schwadroniert, anstatt deren Beitrag zum Erfolg ganz griffig für den CEO-Kopf und ergreifend für das CEO-Herz klarzumachen, hat den nächsten Termin da oben mit der Personal Assistant to the CEO. Chefs diskutieren keine Kampagnenplanung. Geht es allerdings um neue Produkte und Produktlinien, Sicherung und Ausweitung von Umsatzzielen und Marktanteilen und darum, dass sie mit dem Treiber Marke besser schlafen, haben sie nicht ein offenes Ohr dafür, sondern zwei: „All I want from my brand is a good night sleep."

Dass Markenstrategie wirtschaftliche Relevanz hat, zeigt der Schweizer Aufzughersteller Schindler. Mit den Marken Schindler und AS Aufzüge fährt man in der Schweiz eine Dual-Brand-Strategie: Schindler für die großen Unternehmen, die einen potenten internationalen Konzern als Partner auf Augenhöhe wollen, und AS Aufzüge für Besitzer kleinerer Geschäfts- und Mehrfamilienhäuser, denen Schindler zu groß und unpersönlich ist. Identische Produkte, dazu stark unterschiedliche Positionierungen und Servicekonzepte, verhelfen der Schindler AG zu mehr als 70 % Marktanteil in einem Markt mit über 50 Wettbewerbern. Mit Schindler allein waren es nur knapp 50 %.

Markenarbeit ist Teamwork. Identität entsteht, wenn diejenigen sie vorleben, die sie mitentwickelt haben. Deshalb müssen die Verantwortlichen beteiligt sein. Es macht Sinn, sich provokante Profis mit deren Außensicht der Dinge ins Haus zu holen. Als externe Insider empfehlen und handeln sie unabhängiger und freier, vor allem bei der Durchsetzung erst einmal unpopulärer

Veränderungen. All das stellt sicher, dass die notwendigen Dimensionen berücksichtigt werden. Bei der Auswahl des Dienstleisters stehen nicht die von ihm favorisierten Methoden, sondern ganz anderes im Vordergrund: neben dem nachweislichen Fachwissen vor allem Nase und Bauch. Marke ist keine Rechenaufgabe, bei der es nur richtig und falsch gibt. Deshalb sind die soften Auswahlfaktoren genauso wichtig wie die harte Kompetenz. Im Projekt wichtig sind Einfühlungsvermögen, Standhaftigkeit und konstruktiver Nachdruck. Das muss man von seinem Berater verlangen. Immerhin geht es um die Zukunft des Unternehmens und die beste Grundlage dafür.

Wenn das Projekt losgegangen, die Markenpositionierung festgelegt und damit die Richtung klar ist, wenn die Erlebbarmachung mithilfe der unterschiedlichsten Marketingaktivitäten nach innen wie nach außen vorangeht, gibt es kein Zurück mehr. Die Strategie sollte nur bei besonders begründeten Vorkommnissen justiert werden. Mal so und mal so ist tödlich für die Marke, sie verwässert dann und wird beliebig. Gut zu beobachten ist das bei Blackberry: Zunächst rasantes Wachstum, weil die als erste eine richtige Tastatur auf dem Handy haben und dazu die Software, mit der man komfortabel E-Mails schreibt. Unterwegs effizient arbeiten, das finden die großen Companys gut. Sie statten ihre Mitarbeiter deshalb bevorzugt mit Blackberrys aus – und das gibt Stückzahlen. Zu Zeiten sind sie Sponsor der Champions League. Es folgt der schlecht durchdachte Eintritt ins Privatkundengeschäft, um Apple die Stirn zu bieten. Ein gewagter Schritt, wenn man, historisch gewachsen, nicht genug weiß über die wahren Bedürfnisse derer, die sich ihr Smartphone aussuchen können, statt es von der Firma verordnet zu bekommen. Und über die inzwischen allgemein beliebte Touch-Technologie auch nicht. Die Folge: All die Manager und Berater, Kernzielgruppe von Blackberry, erkennen ihr angestammtes Telefon nicht wieder, und die Apple-Jünger haben angesichts dessen, was sie da zum Umsteigen bewegen soll, nicht mal Lust auf Shitstorm. Blackberry probiert es inzwischen wieder als Smartphone-Alternative für diejenigen, die mit dem Teil wirklich arbeiten. Also dorthin zurück, wo sie herkommen, mit ganz vielen Blessuren.

Marke braucht Muße, und Muße braucht Zeit. Eine Organisation optimiert man nicht in Monaten, sondern in Jahren. Wer Markenorientierung als ganzheitliches Konzept versteht, gibt ihr den Raum und die Zeit. Einmal implementiert und verselbstverständlicht im Unternehmen, ist sie der Unterscheider schlechthin, die Seele des Unternehmens. Die kann man nicht kopieren. Und sie ist einer der wichtigsten Umsatzbringer. Das Schönste: Marke machen macht verdammt viel Spaß.

Marke ist nicht demokratisch. Mit der stark geführten Marke begegnet man unschönen Entwicklungen, bevor sie entstehen, und sorgt für viel Gutes im Sinne von Substanz, Wachstum, Zufriedenheit, Umsatz und Gewinn. Visionär aufgesetzt, mutig umgesetzt und konsequent gelebt, ist sie die Garantie dafür. Da sind zu viele Meinungen nur störend. Sie verunsichern die Macher, und die drehen sich dann womöglich wie Fähnchen im Wind und wissen irgendwann nicht mehr, wo sie eigentlich hinwollten mit ihrem Markenprojekt. Das macht noch visionsloser, klemmiger und tranfunzliger als zuvor sowieso schon. Damit Marke tatsächlich viel Gutes produziert wie provoziert, dürfen bei der Entwicklung nur so viele Kollegen wie notwendig und gleichzeitig nur so wenige wie möglich beteiligt sein. Das Markenteam aus unterschiedlichen Hierarchiestufen und Abteilungen, Regionalbüros und Landesgesellschaften, Administration und Produktion stellt sicher, dass alle relevanten Sichtweisen berücksichtigt werden. Und es fördert die Akzeptanz des Ergebnisses: Die Macher fühlen sich frühzeitig gehört und integriert. Sie erzählen den Kollegen gern, was da im Markenkämmerlein geschieht, wo die Herren die Krawatten weglassen, die Hemdsärmel hochkrempeln und so lautstark und emotionsschwanger argumentieren.

Das frühe Mitwirken der richtigen Kollegen, qua ihrer fachlichen Funktion genauso wie qua der ihnen zugeschriebenen Rolle als interne Versender wichtiger frühzeitiger Markenbotschaften zwischen Spind, Kantinenschlange und Obstecke, sorgt dafür, dass gerade sie später, beim Erlebbarmachen der Marke (wenn daraus Marketing wird), dafür sorgen, dass bald alle dabei sind, ihren Beitrag leisten und schließlich auch Markenbotschafter sind. Sie tragen das Versprechen dahin, wo man es erlebt. Und sie lösen es gleich ein. Dabei fühlen sie sich genauso visionär, konstruktiv und aktiv wie die, die es ihnen eingebrockt haben. Sie verspüren Stolz, in genau diesem Unternehmen zu arbeiten. Wenn alles glattläuft, wird genau jetzt der Lead zum Kunden, der Kunde nicht zum verlorenen Kunden und der Nachlass-Liebhaber nicht zum Rabatt-Heinz. (Rabat ist eben eine Stadt in Marokko.) Dann meldet das Herz an den Kopf, der vielleicht noch einen Impuls braucht: Wir machen das!

Marke ist eigenständig und muss auch so behandelt werden. Wir kennen ein produzierendes Unternehmen, das weltweit mehr als tausend Mitarbeiter hat und über 200 Millionen Euro Umsatz macht. Da gibt es den jungen Inhaber und Geschäftsführer, der sagt, dass man gar kein Marketing hat. Dazu stellen wir uns drei Fragen: 1. Wie nennen die das dann, was sie auf den Feldern Broschüren, Websites, Messen, PR etc. pp. so zweifelsohne Ordentliches treiben? Reklame? 2. Was macht dann der Kollege, der „Director Marketing & Communications" auf der Karte stehen hat, den lieben langen Tag? 3. Wieso klappt es dann jetzt schon so prima mit Umsatz und Gewinn (im Grunde schlecht für uns und unsere Argumentation)? Es gibt sogar einen Mit-Geschäftsführer, der die Bereiche Marketing und Vertrieb verantwortet, und der fragt wiederum, wo man die Markenführung aufhängen soll. Die glasklare Antwort liegt auf der Hand: in seinem Verantwortungsbereich (weil die Markenstrategie nach der Unternehmensstrategie kommt) und hierarchisch und fachlich neben dem Director Marketing. So begegnen sich ein neuer Leiter Marke und der Direktor Marketing, den man hoffentlich bald auch als solchen sieht, auf Augenhöhe. Sie zetteln das wünschenswerte Wechselspiel zwischen ihren Disziplinen an und ringen den lieben langen Tag um die besten Lösungen. So macht es Sinn, und sie sorgen damit maßgeblich dafür, dass das Unternehmen gesund bleibt und mehr Mitarbeiter mehr Umsatz, vor allem mehr guten Gewinn für alle produzieren.

So weit, so ideal. Besonders in der Industrie ist das Markenmanagement allerdings häufig der Unternehmenskommunikation zugeteilt, und die ist chronisch unterbesetzt: ein bis eineinhalb Menschen, die für den Chef die Fachartikel schreiben, Messeflyer übersetzen lassen und den portugiesischen Kollegen nahelegen, das Logo lieber doch nicht farblich an die Landesfarben anzugleichen. Das geht nicht. Markenmanagement ist mehr als Dokumenten- und Dateimanagement. Und die Fachanzeigen sollten lieber externe Dienstleister grafiken. Merke: Die Markenführung muss unabhängig und fachlich exquisit besetzt sein, zudem zumindest gleichberechtigter Partner neben der Unternehmenskommunikation. Sonst kommt Umsetzung vor Inhalt – und das geht schief.

Als der Outdoor-Ausstatter Globetrotter 2006 die Erlebnisfiliale in der Kölner Innenstadt eröffnet, fassen sich nicht nur Retail-Spezialisten an den Kopf: Mehr als 6.000 Quadratmeter mit Tauchbecken und Regen- und Kältekammern, wie soll sich das tragen? Sie unken, dass die so viele Rucksäcke gar nicht verkaufen können. Den Store gibt es immer noch. Hier hat jemand eine klare Vision vom Markenerlebnis, ganz eigenständig gedacht. Er setzt sie mit den BWLern und den anderen Bürokraten um. Das geht nur, wenn man erst einmal die von allem losgelöste Freiheit hat, so zu denken. Die riesige Verkaufsfläche allein macht schließlich nicht den Erfolg: Der original tibetische Sherpa in der Rucksackabteilung verkauft nicht nur, er gibt vor allem Erfahrungsberichte mit auf den Weg sowie das eine oder andere Einkehrgeheimnis, unter dem strengen Siegel der Verschwiegenheit. Wer für Globetrotter arbeitet und nicht aus Tibet stammt, kann sich bei seinem Arbeitgeber um Urlaub und Kostenbeteiligung für eine Reise dorthin bewerben. Schließlich soll er auch wissen, was da drüben abgeht, und zwar aus erster Hand. Die gemeinsame Begeisterung für das Reisen spürt man, und alles zusammen macht Globetrotter in Köln zum Talk of the Travellers und zum Markenerlebnis der besonderen Art. Auf inzwischen 1.000 Quadratmetern mehr, mit der größten Reisebuchabteilung von ganz Köln und der Tropenimpfschutzstelle im zweiten Obergeschoss.

Intern kommt immer zuerst. Es gibt Unternehmen, da erfahren die Mitarbeiter von der neuen Ausrichtung aus der Presse. Oder sie bemerken es, wenn sie eines Morgens ans Werkstor kommen und da hängt ein anderes Logo. Auf einmal müssen sie ganz andere Produkte herstellen. So was! Dabei gründet der Markenansatz – ganz abgesehen vom Fachlichen – auf Faktoren wie Wertschätzung und offenem Visier, Klarheit und Transparenz, Statur und Langfristigkeit. Kunden, die sich nicht mehr wohlfühlen, wenden sich ab. Und Kunden, die immer wieder aufs Neue begeistert sind, werden Fans. Genau wie die Mitarbeiter. Die Kunden bekommt man nur, wenn man zuallererst die Unterstützung jedes einzelnen Kollegen hat, der sich ernst genommen fühlt und bei seiner Firma alle Markenfaktoren wahrnimmt – und weiß, wie er sie lebt und erlebbar macht. Erst das Beherzigen der Markenverhaltensregel „1. Wissen, 2. Wollen, 3. Können" führt dazu, dass das Markenerlebnis formidabel ist. Wer alle drei auf einmal draufhat, versteht, dass auch sein Beitrag für den Erfolg der Firma sorgt. Davon profitiert er auch, durch Zufriedenheit, Spaß bei der Arbeit, ein gutes Gehalt. Der schöne Rahmen dafür kommt von oben. Da hinein malt der Arbeitnehmer mit seinem Verhalten am Kontaktpunkt das schönste Bild im Sinne des Arbeitgebers, das vor allem zu seiner Persönlichkeit passt. So uniform wie nötig einzahlend auf die Unternehmensmarke, so individuell wie möglich die Mitarbeitermarke berücksichtigend. Dann werkelt kein ferngesteuerter Markenbotschafterroboter im Moment der Kaufentscheidungswahrheit, sondern es begeistert ein echter Mensch, so überzeugt wie überzeugend.

Er schreitet entwaffnend spürbar zur Tat da draußen, wo all die Kunden und die potenziellen Kunden unterwegs sind, wenn es drinnen stimmt und alle Mitarbeiter nicht bloß überredet und zwangsverhaftet, sondern von der Kraft der Marke restlos überzeugt sind – machen dürfen, ja sollen, sogar müssen. Und wenn sie spüren, dass es nun an ihnen ist, sie zu leben. Wenn sie differenzierend wahrnehmen und situativ handeln. So werden Mitarbeiter durch markenadäquates Verhalten zu Markenbotschaftern. Dafür sorgen auch Vorträge, Training und Coaching, Online-Schulung, formale schriftliche und formlose mündliche Information und das fortwährende kontroverse Gespräch. Wenn es gelingt, reiten sie mit wehenden Fahnen los in die ewigen Kundengründe, an die Kontaktpunkte. So ein Diskurs mit den Mitarbeitern darf niemals aufhören, weil Brand Behavior niemals mehr aufhören darf. Es wird kultiviert, gehört zum Unternehmen wie Schräubchenkunde-Trainings, Zertifizierungen nach ISO irgendwas und Betriebsratswahlen. Im besten Fall fließt die Beurteilung des Marke-Lebens als gehaltsrelevanter Bestandteil in die Feedback- und Jahresgespräche ein. Und wenn neue Kollegen kommen, sind sie bald auch Markenbotschafter und machen ihren Touchpoint im Moment der Wahrheit – dann, wenn die Kaufentscheidung fallen soll – zum tollsten Point auf der ganzen Welt.

Beim Motorenölhersteller Liqui Moly hat man den Anspruch, „allen 650 Menschen Freude, Glück und ein Zufriedenheits- und

Erfolgserlebnis zu verschaffen, indem sie hier arbeiten. Das ist nicht so schwer, weil die Menschen von Haus aus motiviert sind. Ich versuche, die Rahmenbedingungen dafür zu schaffen, dass Arbeit Spaß macht, damit sie nicht sagen: ‚Uh, schon wieder Montag, da mache ich lieber blau.'" Das sagt Ernst Prost, der mit Liqui Moly die Leute von Castrol das Fürchten lehrt. Messbar ist sein Erfolg durchaus auch, zumindest anhand der Krankenstands- und der Fluktuationsquote, die „sensationell niedrig" sind. Wer intern derart behandelt wird, gibt extern Gas.

Die Benchmarke besetzt Themen und erzählt Geschichten. Jedes Unternehmen nimmt man mit allen Sinnen wahr, und die entscheiden darüber, ob es sein Versprechen einlöst. Wenn ja, wird gebucht und geordert. Das gilt für Möbelhäuser wie für Fräsmaschinenhersteller, für Haushaltswarengeschäfte wie für Sicherheitsdienste, für Online-Händler wie für Hotels, für Finanzdienstleister wie für Bauholzhändler. B-to-B ist immer auch B-to-C – auf der anderen Seite des Tisches sitzt ein Mensch, und der möchte als solcher informiert, behandelt und begeistert werden. Seine wohlige Gänsehaut und sein leicht erhöhter Pulsschlag fördern das Habenwollen. Marke ist die gelebte Emotion des Mitarbeiters, dessen Beruf Berufung ist. Dann wird der Kunde Teil der erweiterten Familie. Und es muss viel passieren, dass er das nicht mehr sein will.

Mit relevanten Themen und Geschichten, die betroffen machen, gelingt das besonders gut. Sie legen Informationen Kleider an. Die schönsten sind so erzählt, wie kleine Kinder sie erzählen. Die fangen bei der Frage, wie es im Urlaub war, nicht wie Erwachsene bei der Kartoffelblüte an: im Stau gestanden, eingecheckt, geflogen, Hotel zu laut, Essen ging so, bla, bla, bla. Interessiert einen Toten, und den auch nur begrenzt. Kinder beschränken sich auf das eine Highlight, bei dem das Kopfkino gleich losgeht: „Ich habe eine Riesenschildkröte gesehen." Dazu gehen die Arme ganz weit auseinander und die Mundwinkel Richtung Ohrläppchen. Jetzt weiß man, wie der Urlaub war. Fünf Worte sagen alles. Henkel macht es mit Persil genauso: Die sagen nicht mehr so sehr, dass man da weiß, was man hat. Megaperls, Tabs und Duo-Caps treten bei der Kommunikation in ihrer Wichtigkeit zurück. Stattdessen besetzt man das Thema „Danke sagen". Wen berührt das nicht? Da sagt die Mama, deren Kinder aus dem Haus sind, auf dem großen Plakat: „Danke für die schöne Zeit." Ende der Durchsage. Wer ein Gespräch startet mit „Stellen Sie sich vor…", verführt – zum Fühlen, Spüren, Wirkenlassen. Und zum Kauf.

Für die sauberen gemeinsamen Momente während der mühevollen Adoleszenz steht also ab sofort Persil. Das ist clever, glaubwürdig und eingängig erzählt. Es rührt das Mutterherz und, viel wichtiger, das der Kinder, die morgen auch Persil-Mütter und -Väter sein wollen. So geht Storytelling exactly on the brand. Bei Volvo Trucks geht es auch. Die haben in Deutschland einen Marktanteil von etwa 10%. Gar nicht schlecht, aber in Ismaning bei München wollen sie mehr. Um weiter zu Mercedes-Lkw und MAN aufzuschließen, besetzen sie ein einziges, hochspezielles Themenfeld. Es ist eines, das von den Großen nicht bespielt wird – die überragenden Geradeausfahreigenschaften von Volvo Dynamic Steering. Die haben extreme Relevanz bei denen, die ihr halbes Leben da oben auf dem Bock verbringen und bei der Anschaffung eines Lkw noch vor dem Fuhrunternehmer die wichtigsten Entscheider sind. Volvo Trucks zeigt Jean-Claude van Damme, der auf den Außenspiegeln zweier höchst präzise, immer ein bisschen weiter auseinander rückwärtsfahrender Lastzüge die Mutter aller Spagate vollführt. Nicht ein technisches Feature, nicht ein metallischer Kraftausdruck; pure Emotion. Besser geht es nicht. Besonders schön: Damit ist der Beweis erbracht, dass langweilige Lkws und anderes Industriezeugs genauso sexy wie Klamotten, Autos und Fernseher sind. B-to-B ist B-to-C. Man muss sie nur als solche behandeln, sie haben es verdient.

IV.

FIRMEN- & MARKEN-VERZEICHNIS

Workshop „Benchmarken“

Ein ganzer Tag für Ihre starke Marke:

Henkel & Berndt machen auch Ihre Mitarbeiter konstruktiv betroffen: „Die meinen ja mich!“ Genau, wen denn sonst? Wenn alle verstehen und fühlen, was ansteht, sind sie bereit für die vielversprechende Zukunft Ihres Unternehmens. Es ist die, die auf der Kraft seiner starken Marke beruht.

Henkel & Berndt machen das klar, und sie klären gemeinsam mit allen, was es für diese Zukunft braucht: adäquates Markenverhalten jedes Einzelnen, immer und überall, erst intern, dann extern, an allen Kontaktpunkten. Markenarbeit macht Spaß, und auch der macht den Erfolg.

Mehr auf jonchristophberndt.com unter „Workshop“.

Keynote-Vortrag „Benchmarken“

Schlagende Argumente dafür, was starke Marken heute wirklich brauchen:

Der eine weiß, was Forschung und Wissenschaft über die Kraft starker Marken wissen. Der andere weiß, wie man diese Kraft entfaltet. Oder auch umgekehrt. Zusammen sind sie Henkel & Berndt. Sie revolutionieren das, was man Markenarbeit nennt: Weg vom „Marketing wie immer“, hin zu berührenden Themen, anziehenden Geschichten, erlebbar gemachten Emotionen und dem echten Bekenntnis zur Marke – als Lebensversicherung Ihres Unternehmens.

Wie jeder von der starken Marke profitiert, indem er sie erkennbar und erlebbar macht, sagen Henkel & Berndt genauso kompromissfrei wie humorvoll.

Mehr auf jonchristophberndt.com unter „Vortrag“.

„Brand New: Was starke Marken heute wirklich brauchen“

Auch strandgeeignet:

Wie muss eine Marke heutzutage aufgestellt sein, damit sie im medialen Lärm der immer lauter werdenden Werbebotschaften überhaupt noch wahrgenommen wird?

Der Markenfachmann JCB und der Marketing-Professor Sven Henkel streiten in „Brand New“ um die besten Antworten. Auf ebenso kurzweilige Art wie im vorliegenden Buch erhält der Leser wichtige Informationen, Argumente und Anregungen für sein eigenes so zeitgemäßes wie wirkungsvolles Handeln im Markenmanagement. Mit dabei sind u.a. Tina Müller (Opel), Ernst Prost (Liqui Moly) und Alexander Schlaubitz (Lufthansa).

Beim Buchhändler Ihres Vertrauens und bei Amazon.

Du hast gewonnen, Herr Professor. Wobei: Diese Diskussion ist ja nie zu Ende. Gut so!

Nein, du hast gewonnen. Lass uns dranbleiben, mein Freund. Wir wollen ja beide noch 40 Jahre arbeiten.